高等学校建筑类专业设计作品选集

城市·印迹——2023年"8+"联合毕业设计作品
2023 "8+" Joint Graduation Projects

王 一 赵 斌 韩孟臻

夏 兵 张昕楠 龙 灏 编著

浦欣成 马 英 周宇舫

中国建筑工业出版社

图书在版编目（CIP）数据

城市·印迹：2023年"8+"联合毕业设计作品 =
2023 "8+" Joint Graduation Projects / 王一等编著
. —北京：中国建筑工业出版社，2024.1
（高等学校建筑类专业设计作品选集）
ISBN 978-7-112-29725-2

Ⅰ.①城… Ⅱ.①王… Ⅲ.①建筑设计—作品集—中
国—现代 Ⅳ.①TU206

中国国家版本馆CIP数据核字（2024）第071931号

责任编辑：王 惠 陈 桦
责任校对：王 烨

高等学校建筑类专业设计作品选集
城市·印迹——2023年"8+"联合毕业设计作品
2023 "8+" Joint Graduation Projects

王 一 赵 斌 韩孟臻
夏 兵 张昕楠 龙 灏 编著
浦欣成 马 英 周宇舫

*

中国建筑工业出版社出版、发行（北京海淀三里河路9号）
各地新华书店、建筑书店经销
北京锋尚制版有限公司制版
临西县阅读时光印刷有限公司印刷

*

开本：787毫米×1092毫米 1/16 印张：14¾ 字数：538千字
2024年2月第一版 2024年2月第一次印刷
定价：**129.00**元
ISBN 978-7-112-29725-2
（42134）

2023 年 "8+" 联合毕业设计作品编委会

 同 济 大 学 　 李翔宁　 王 一　 孙澄宇

 山东建筑大学　 赵 斌　 江海涛　 刘 文　 王远方

 清 华 大 学　 韩孟臻

 东 南 大 学　 夏 兵

 天 津 大 学　 邹 颖　 辛善超

 重 庆 大 学　 龙 灏　 宫 聪

 浙 江 大 学　 浦欣成　 王 卡

 北京建筑大学　 马 英　 晁 军

 中央美术学院　 周宇舫　 王环宇　 王文栋　 苏 勇　 刘文豹　 刘焉陈

序

城市更新不仅是存量时代专业实践的聚焦点，也是当下建筑设计教学的关注点。经历三年疫情后的第 17 届全国建筑院校建筑学专业"8+"毕业设计联合教学由同济大学和山东建筑大学联合主办，以"城市·印迹——陶琉文化与空间载体的重构"为题，全程回归线下联合设计，在山东淄博古窑址基地展开城市更新的设计探讨。

本次"8+"联合毕业设计选题是近年来第一个行将实施的真实题目，场地选择在 2023 年最具烟火气的一座城市——淄博。基地几乎集合了所有旧城改造所面临的共性问题：年代不同、质量参差、风格迥然的各类建筑杂糅；工业遗产转型的困境；城中村几近"空巢"，活力不足等。另一方面，基地特有的人文传承和建成遗存又为之增添了浓重的一抹亮色。历史上盛极一时的陶瓷产业演绎出别具一格的民居聚落和窑炉合院；具备地域特征的传统民居和赋有早期工业建筑典型风貌的厂区，均规模完整且保存完好。此外，基地的文化产业投资人具有规划专业背景，对建筑历史遗存怀有深厚情怀，在其着力推动和打造下，片区一期更新工程已付诸运营，该历史街区的活力复兴已初露端倪。当地政府及企业为本次联合设计教学在资料收集和现状调研方面提供了大量便利条件。这些都为本次"8+"联合毕业设计提供了难得的机遇。

同时，本次联合毕业设计任务设定也极具复合性和挑战性。老师和学生们所要面临的不仅是单纯的城市空间或建筑形态设计，而是需要从整个基地的产业结构重组、使用方式转型来思考基地的内在功能配置和建设规模；在梳理基地总体交通组织、功能布局、空间节点及整体风貌等关键内容的基础上，选取展开特定区域的城市设计和街区与建筑尺度下的空间形态设计。任务要求不仅仅限于建筑空间设计思考，更要求设计者从社会、经济、文化等多重视角切入，以更广阔的视野看待城市更新与建筑设计问题。近年来，高年级的建筑课程设计愈发偏向研究型设计，本次"8+"联合毕业设计在教学之初回到起点，要求同学们在展开深入的全方位调查思考之上，也展开对城市空间保护与更新的研究思考。这些研究思考不仅最终成长为同学们本科课程的总结性成果，同时为该地块城市空间的更新建设输入富有活力的专业智慧；更为重要的是，它会在同学们的心里埋下种子，在未来的职业生涯中得以迸发和呈现，这也是本次设计任务设定最大的价值和意义所在。

一直以来，"8+"联合毕业设计教学过程具有较好的参与性和互动性，是各校师生共同珍贵的专业探讨之旅。在经历了三年的"线上"联合教学之后，久违的线下集聚也让所有师生释放出了压抑已久的热情。来自各校的 30 余位老师聚集在一起，对题目研究的边界和未来设计的可能性进行深入的交流，来自不同学校的同学们也毫无保留地相互交换着现场调研的信息和心得；在同济大学的中期汇报中，我们看到了各个高校的师生从不同视角对设计题目的理解和解答，其中既有对普遍问题的全面解析，也不乏应对现状困境提出的犀利方案；在山东建筑大学的终期答辩，我们看到了 23 组同学百花齐放的设计成果，也聆听了 32 位教师酣畅淋漓的精彩点评，各个高校自身的教学特色在此荟萃呈现。另外，还有包括巴西的 Comas 教授、中国香港的 John Lin 教授、上海天华的韩冰总建筑师等来自建筑、建筑遗产保护方面的国内外知名学者参与其中，"8+"联合毕业设计不止于教学活动，更是一场专业研讨与交流的盛宴。

非常荣幸能与同济大学联合主办本次联合教学，衷心感谢其他兄弟院校师生的携手同行，以及来自各界学者、建筑师、企业家的积极参与和支持，正是大家的精诚合作与全心投入，才使得本次活动圆满完成，我们所有的老师和学生都从中获益良多！

期待来年的"8+"联合毕业设计更加精彩！

仝晖

山东建筑大学建筑城规学院

2023 年 8 月 3 日

前　言

以"城市·印迹"为主题的 2023 年全国建筑学专业"8+"联合毕业设计今年在山东省淄博市博山区的颜神古镇展开。

此次联合毕业设计由同济大学和山东建筑大学主办，由清华大学、天津大学、东南大学、重庆大学、浙江大学、中央美术学院和北京建筑大学等七所顶尖院校加盟，各校的优秀师生团队齐聚于此，切磋砥砺，碰撞设计的火花。

2023 年"8+"联合毕业设计是疫情后各院校首次在物理空间聚集并进行实地调研、协同创作的头脑风暴。同学们以建筑学的专业视角深入颜神古镇的场地之中，关注城市文脉，理解颜神古镇浩瀚如烟海的文化遗产和独具特色的历史美感，用设计与创新激活原有空间，寻找传统城镇空间风貌与当代生活之间的矛盾与平衡。我们鼓励同学们探讨老遗存与新建筑、老居民与新创客、老故事与新生活之间的丰富关系，并在"传承地域文化—达成业态转型—实现空间再生"的过程中激发重构古镇的活力。

颜神古镇不仅富有物质价值，也深具人文价值。此次八校联合课题选择此处作为基地，是一次让同学们面对历史人文和物质环境等综合复杂城市问题的机遇。我们相信每一位同学都会找到自己的切入点，确立自身面对历史建筑与历史记忆的态度，尝试建立整体的建筑观。在诸位优秀老师的教导下，同学们不仅需要深入研究建筑与城市、环境与文脉、结构与建造等专业问题，也要对城市的潜力与未来，做出具有社会责任感的思考。

本次联合设计的展览将结合陶琉艺术一同在颜神古镇启动——"2023 博山琉璃双年展"。这是一次深入现场的让同学们的作品为颜神古镇赋能的重要实践，也是与本土乡亲邻里和社会一起交流，共同探讨颜神古镇未来的契机。

希望这些未来建筑师们富有想象力的作品，能够融入当地的环境，带来更好的未来的可能——相信同学们这次毕业设计的"星星之火"能照亮颜神古镇的美好前景。

同济大学建筑与城规学院教授、院长

致敬匠心

淄博颜神古镇改造故事

厦门朗乡副总经理　赖勇虎

古镇的落寞

颜神古镇位于淄博市博山区，占地900亩。自北宋起，这里既是匠人们的聚集地，也是淄博窑重要的发祥地。这里有13座完整的古圆窑遗址，百余座明清、民国建筑组成的历史建筑群落。这里诞生了亚洲最大的陶瓷厂，诞生了中国第一条煤烧隧道窑……尽显深厚的历史文化底蕴。然而随着产业的升级，手工作坊与传统圆窑被淘汰以后，20世纪50年代的老厂房也退出历史舞台……居民逐步搬离，随后墙倒屋颓，荒草丛生，令人扼腕叹息。

2019年，朗乡团队开始了针对古镇的改造。

经过漫长的岁月，古镇不同年代的建筑杂糅在一起。明清时期的院落、民国时期的民居、20世纪八九十年代的砖房……各个时期的建筑毗邻。老百姓对传统建筑随意的改扩建使传统院落和道路被蚕食殆尽，只剩下几条主要的道路可以通行。工业体系中唯一的城镇规模的完整遗存，从某种程度上呈现着博山陶琉文化的深刻基因，这是一个世纪以来，博山人的记忆和骄傲，不舍遗弃。

时代的痕迹

朗乡认识到，这种不同年代建筑的混合，展现了颜神古镇不同时期的历史特征，也正是古镇的魅力所在。于是，尊重历史的痕迹，不刻意让古镇回到哪个时期，而是忠实地保持其生动的混合状态——所有的梳理都围绕这样一个基本的原则。

在改造的过程中，我们强调当代审美介入历史环境。时间缓缓流淌，新与旧在此交汇，建筑之间对立融合的形态形成了独特的空间氛围。现代材料与老旧意境在同一空间内相互碰撞、包裹、融合，形成了交错于时空的对话。

针对街区路网，朗乡提出了"双棋盘结构"的概念。尝试从原本封闭的院落废墟中找到新的通道，而后，这些宽窄不一的通道和传统规则的街巷交织在一起，形成了一种全新的路网结构。人们漫步其中，如同穿梭在一个充满故事的历史长河，该结构以一种积极有趣的方式，向人们展示古镇的发展史。

原先封闭的院落空间，被串联成开放的商业街区，与传统街巷交汇的重要节点变成了不同尺度的广场。时间与空间的转换让人着迷。

于是，颜神古镇就成为一个全新的叙事空间，游客成了在特定场景追溯颜神历史的演员。在这里能找到过去的时光，但真正激动人心的是这些传统的片段却组成了一个属于未来的，你不曾体验过的空间。

老厂区的改造

在古镇的西北角，是一个建于20世纪50年代的工厂，这个在当时代表先进生产力的巨无霸，竖起的高耸烟囱与周边的环境格格不入。随着时间的推移，工厂自身也成了历史的一部分。如何调和工厂与周边建

筑的关系？建筑师从传统圆窑中获得灵感，巨大的拱券门与圆窑入口遥相呼应，采用匣钵与收集来的老红砖，由当地工匠以传统手法砌筑而成。在烟囱的底部增加了休闲木平台，减弱其一柱擎天的孤立感。下沉式广场使工厂与季节河及周边道路建立了有趣的链接。当访客莅临参观时，车间的魅力不会被新的设计掩盖，而是衬托其历史分量，在不经意间看见文化的传承。

精心设计的新建筑与老车间的围合，创造出一个可举办活动的开阔广场。其材料的选择也呼应了场地的现状，与毗邻而建的车间保持了一致。相似的色彩与材料让这两座新建筑仿佛是旧车间抽象的现代演绎，和谐相融却又特色分明，形成了旧车间与现代建筑之间的对话与交流。无论是原有建筑空间亦或广场，都得到了最完整的保护。

文物的保护

当年为了建这个堪称庞然大物的第五车间，白衣庙窑被拆掉了半边，如何更好地保护与尊重这个紧邻道路的文物？朗乡让道路在这里拐了个弯，留下一个缓冲空间，而后在窑前设置了一个椭圆形的小舞台，于是，圆弧状的半边窑成为充满时代气息的舞台背景，而这个小舞台，则可以经常发生一些特别生动的故事。

掩埋在地下的遗迹，也因为场地的清理而重见天日。它与周边的水井、圆窑、原料场共同形成了一套完整的陶瓷生产系统。

朗乡沿着石碾修建了一圈圆环，用以保护这个石碾，圆环被设置成可坐的尺度，让人们可感知这个遗址而又保持适当的距离，而从高空俯瞰，则可以看见两个嵌套的圆环成为古镇的视觉焦点，代表各个时代匠人们追求圆满的心。

手工业的复兴

在世界各地，手工艺正处于消失的边缘。朗乡通过空间的梳理，以一种积极有趣的方式向人们展示出古镇的手工业发展史。当人们在其中漫步时，就如同穿梭在一个充满故事的历史长河中。游客将沉浸于传统手工艺的世界，邂逅许多以颜神传统技艺为傲的艺术家及匠人，并与他们一起探索交流。

在这里，传统的陶瓷和琉璃工艺正被新一代的艺术家和设计师们所复兴。这些作品不仅是对传统的致敬，同时也是对未来的展望。

在琉璃剧场，观众们可以观看传统的琉璃吹制过程，感受琉璃从流体变成固态的过程，见识不断变化形状的吹制绝技。所有的琉璃都是手工吹制，因此每个琉璃的花样分布、大小、色泽浓度，细看都不相同，有别于工厂制造的量产品，因此更受游客的喜爱。

人们始终坚持手工技术，相信亲手制作的物品会带给客户机器生产所不能共鸣的温度和情感，也期望以传统技术为支持，创造出令人怀旧的新价值观产品。

这些代代相传的技艺与工艺品将人与人、人与环境联系起来。古镇向大众展示出工匠们令人惊叹的技艺，让参观者了解到匠人们创造这些工艺制品的过程。

2023 年 "8+" 联合毕业设计师生 "全家福"

目 录

大事记
2023 年"8+"联合毕业设计课题任务书

教学成果

大 事 记

开题调研
2023.2.18
@ 淄博颜神古镇

中期答辩
2023.4.1
@ 同济大学

结题答辩
2023.6.10
@ 山东建筑大学

2023年"8+"联合毕业设计课题任务书

城市·印迹——陶琉文化与空间载体的重构

一、教学目的

1. 研究传统村落历史、发展和变化，从文化的传统传承、业态的转型活化和空间的重构共生三个方面，探讨针对传统村落合理有效的改造更新的可能性和方法，尝试为当下城市更新提供思路。

2. 项目内容包含古镇重构策略研究与局部片区改造两个阶段，在充分调研的基础上探寻传统文化传承的方法，结合场地现状对其功能、交通、业态、景观等进行分析，制定改造的总体目标和业态策划，确定空间再生的未来愿景、发展模式和概念性设计。

3. 引导学生尝试在不同限制因素下运用设计策略解决新时期古镇更新所面对的问题和难点，培养其综合统筹力和自主创新力的同时，在完善城市功能、延续地域文脉、提高环境品质等方面具有重要意义。

二、设计背景

1. 社会背景

五千年华夏文明史，孕育了辉煌灿烂的中华文化，它以城市、街区、建筑、艺术制品、手工业、民俗等种种物质或非物质的形式，渗透在公众日常的方方面面，成为城镇不可或缺的丰厚历史文化资源。城镇空间是历史文化的载体，历史文化是城镇空间的精神和灵魂。在城乡建设中，系统保护、利用、传承历史文化遗产，对延续历史文脉、推动城乡建设高质量发展、坚定文化自信、建设社会主义文化强国具有重要意义。

党的十八大以来，国家对历史文化保护传承工作高度重视，多次发表重要讲话、作出重要指示。中共中央办公厅、国务院办公厅2021年印发的《关于在城乡建设中加强历史文化保护传承的意见》，2022年5月印发的《关于推进以县城为重要载体的城镇化建设的意见》，均对城乡历史文化保护传承工作作出了安排部署。

尽管传统古镇（历史街区）拥有得天独厚的历史文化积淀，但相对滞后的产业发展，造成了经济疲软、风貌衰败、人口流失等诸多问题，针对传统古镇（历史街区）的保护与开发受到了来自诸多方面的压力和阻碍。如何化解传统城镇空间风貌与当代生活之间的矛盾？如何融合平衡老遗存与新建筑、老居民与新创客、老故事与新生活之间的关系？如何在传统城镇空间的延续与更新中实现无形历史文化的重现？需要即将成为建筑师的我们，对传统古镇（历史街区）浩瀚如烟海的文化积淀进行精准提炼，利用设计的力量推动古镇（历史街区）的复兴，在传承地域文化—达成业态转型—实现空间再生的过程中再现古镇往昔的活力，这是本议题的核心所在。

2. 项目背景

颜神，是山东省淄博市博山区的古称，位于淄博市西南部，是一座美丽的山城，共有八大景区200多个景点，景区面积达71km²，森林覆盖率43%。作为全国唯一的"中华陶琉名城"，也是全国唯一一座同时拥有陶瓷和琉璃双重元素的城市，博山区享有"世界陶琉看中国，中国陶琉看博山"的美名。作为国内唯一成规模的原生古窑集群，古窑村成为中国手工业体系中独一无二的城镇规模的完整遗存，从某种程度上呈现着博山陶琉文化的深刻基因，是一个世纪以来，博山人的记忆和骄傲，不舍遗弃。

原生古窑集群

窑炉合院的独特民居

三、基地条件

颜神古镇位于博山区山头街道，紧邻城区中心及景观，总占地 900 亩，区域内现保存了废弃古圆窑 13 座、省市级文物及明清民居建筑若干处，陶琉企业厂房 5000m²，老旧居民住房 350 余套。淄博美术陶瓷厂，是山东省陶瓷公司所属集体所有制中型一类企业，地处博山山头镇，西临河南路，东临山头路，占地约 40000m²。

四、设计要求

本项目包括颜神古镇重构策略研究与局部片区改造两个部分内容。古镇重构策略研究部分：学生以小组形式（2~4 人）从整体区域研究出发，通过现场调研、资料整理，结合区域特征对古镇历史、业态、空间、交通、景观等方面进行分析，形成古镇复兴策略，确立古镇改造的总体目标定位和空间结构策划，探寻颜神古镇文化传承的方法，提出业态转型功能定位，确定古镇空间再生的未来愿景、发展模式和概念性设计。局部片区改造阶段，选取 2~3hm² 用地，以个人为单位。

在前期小组策略深化延续的基础上，可选择古镇某片区或结合美陶厂进行深化设计，直至做到单体建筑方案（更新改造与新建）深度，并对区域重要内部

街道、核心节点以及建筑细部构造有一定的表达。

第一阶段：重构策略研究

学生 2~3 人为一组现场实地踏勘确认调研内容制定调研提纲，依据提纲对场地区位、周边条件、环境特征、空间特色、交通路线、重要节点、建筑形态、景观视线、业态功能等方面进行调研，特别注意对传统文化及业态在空间中的表达和利用。完成场地基础分析、重要空间节点等分析图，并做必要的现状测绘完善工作。在调研基础上，结合现状条件和环境要求，对现有问题进行总结归纳，尝试从总体功能、空间再生、发展模式、业态置换等角度探讨传统古镇复兴活化的相关策略，改善古镇活力。

第二阶段：局部片区改造

学生在小组复兴策略确定的基础上，可以从区域里选取 2~3hm² 场地（例如一条街道、某个重要节点、建筑群组等）或与美陶厂结合，依据小组提出的策略方法进行具体空间环境构思和建筑布局，在理解历史文脉的基础上，探讨古镇业态转型、设施改造与空间组织的合理模式，用设计手法解决古镇改造中新旧空间的融合、慢行系统的重构、人性景观的打造等关键问题，完成所选区域的整体设计。

基地范围

教学成果

同济大学
TONGJI UNIVERSITY

同济大学

1 凝聚三火
穿越今昔

转角驿站创造新的视角与维度，愿让颜神的火，从遥远的齐国，燃烧至充满可能的未来。

2 旅居共享
窑炉新生

重构当地传统聚落，保留材质、植物等印迹特征，塑造过渡态的住区服务建筑。

3 文教高地
陶琉永续

知识的灯塔于高地上矗立，愿氤氲的书香能唤醒颜神古老而又珍贵的城市记忆。

张恒翔

张祎言

谢锦浩

刘祥麟

张一辰

戴娉偲

李宛阁

金莹

万芷彤

路浩

张亚凡

张茹真

李翔宁

王一

孙澄宇

指导教师

可计算的城市肌理：更新中对场地理性认知的途径之一

城市更新往往聚焦小规模环境的精细化、渐进式修补与提升，这与城市建设初期关注大规模宏观尺度的社会与形态构建完全不同，它对设计师的场地认知准确性提出了更高的要求。

同济大学秉承"缜思畅想，博采众长"的传统，积极鼓励学生在城市设计中，充分运用国内外学者所提出的各种有关城市空间特征的可计算指标，在设计之初就对于场地的空间特征取得理性的认知。同时，当下城市更新中的大量可计算指标继承于城市规划领域。由于尺度的巨大变化，并非所有指标都依然适用。所以，也要求学生秉持批判的学术精神，通过自己的实证，选择恰当的指标予以运用。

此次教学以城市形态分析中的重要空间分布特征——紧凑度指标的应用为例。紧凑度指标是一种城市形态测量指标，用来度量城市空间结构的聚集或离散程度。在城市规划的宏观层面上，紧凑度指标的度量对象一般为城市斑块、公共绿地、设施点等，已有研究证实其与二氧化碳经济效益、城乡居民收入差距成正相关；而在城市更新的中微观层面上，其度量对象一般为建筑群、小型绿地等，该指标可以帮助自动识别城市肌理类型，并已被证实对建筑小气候环境具有显著影响。在国内外文献中，至少存在10种紧凑性指标（Coh、NCI、T、PROX、DIS、Moran's I、CHAD、COLE、ENN、ANN）。

此次学生通过一系列的计算实验发现：簇凝聚度指标 Coh 更适应城市更新的工作尺度；非一致性指标 NCI 和 T 则应基于参数相同的标准化计算单元开展；指标 PROX 在部分尺度区间结果不准确；指标 DIS、Moran's I、CHAD、COLE、ENN、ANN 不建议使用。因此，簇凝聚度指标 Coh，被用来对颜神古镇区域的城市肌理开展理性的类型认知。他们将设计场地划分为 30m×30m 的标准计算单元，分别计算其 Coh 指标、建筑质心数量、建筑密度，并使用聚类分析方法，获得了 5 类典型城市空间肌理的分布情况。下图中，颜神古镇基地范围（红色虚线）、既有旅游改造范围（蓝色实线）不难看出：

（1）场地中存在两类居住性空间。绿色是保存较为完好的传统聚落，而蓝色是经居民自行改造后的院落。现场踏勘时，隐约可以感到南北巷道的差异，却难以名状，而在可计算指标的提示下，显出了之间的差异，为后续设计的区别对待提供了依据。

（2）开发企业在场地北侧划定的更新范围（蓝色实线）十分精准，囊括了场地内最大的一片连续传统聚落，文化价值突出。相对而言，南侧片区中两种类型的居住片区规模小、相互交织，在后续设计中需谋求其他的价值提升。

（3）场地中存在普遍的居住（绿色、蓝色）与生产（黄色）混合现象，在后续的更新中需要进一步判断是否将其作为一种特征予以保留延续。

此次教学中，虽然学生设计难免稚嫩，但令人欣慰的是，他们能够针对设计中的认知需求，自主开展国内外学术成果调研，并进行批判性运用，开启了他们的"缜思畅想，博采众长"之路。

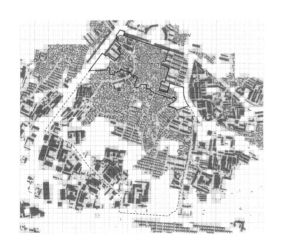

颜神古镇基地范围
既有旅游改造范围
建筑底面
古镇原有肌理空间[cluster=272]
Coh均值=0.3254; 建筑数均值=16.496; 计算用格网数均值=84.996
居民自发改造空间[cluster=290]
Coh均值=0.3086; 建筑数均值=9.379; 计算用格网数均值=68.238
工业化生产空间[cluster=324]
Coh均值=0.3087; 建筑数均值=2.864; 计算用格网数均值=78.065
边缘性空间[cluster=504]
Coh均值=0.2298; 建筑数均值=2.482; 计算用格网数均值=38.645
道路空间及其他空地
Coh均值=0.0150; 建筑数均值=0.266; 计算用格网数均值=3.202

网格尺寸: 30x30m
聚类方法: K-medoids(k=5, 初始点优化)

为旅居双人群服务 转角驿站
ENCOUNTER AT THE REST STATION

设计者：张恒翔
指导教师：李翔宁　王一　孙澄宇
城市研究阶段合作者：刘祥麟　李宛阁　路浩
学校：同济大学

Designer : Zhang Hengxiang
Tutor : Li Xiangning Wang Yi Sun Chengyu
Team Member in Urban Study : Liu Xianglin Li Wange Lu Hao
School : Tongji University

指导教师评语

在城市设计阶段，该组同学合理延续了颜神古镇的人文气质，尊重古镇的建筑环境现状，通过"起、承、转、合"的结构和节奏，模拟叙事和情绪铺陈，提出了三个概念线路："灯火""社火""窑火"，让游观过程成为一次独特的沉浸式体验，主题突出，概念鲜明。

建筑更新设计不仅考验着设计者解决问题的能力，同时也考验着寻找症结、提出关键问题的能力。张恒翔同学选择了介于"社火"（承载古镇内的节庆事件的游览区）与"灯火"（居住区）之间的边界地块进行更新，设计成果的完成度较高，图纸表达得当，体现出较好的专业素质。

针对该地块设计的要点是如何处理好游览活动和当地居民日常生活的关系。在设计中我们可以看到张同学对于颜神古镇现状肌理的尊重。通过相对详实的调研和观察，找出旅居"共生"的重要议题，着力研究和处理当地居民生活与旅行人群生活之间的关系，并最终落实到物理空间中，运用建筑设计的手法创造两种人群相处互融的契机。

城市设计——以陶琉文化为基础的沉浸式体验生活园区

在城市设计层面，小组提出名为"三火"的改造概念：窑火，打造完备便捷的创作、展陈、售卖、交流产业链；社火，延续文脉，创造游客与居民共融的特色机会；灯火，营造怡然自得的优质生活街区。

接着依据"三火"提出"三火之路"：窑火之路以陶琉技艺为线，连接古窑遗址区与美陶厂区；社火之路纵向剖开场地，成为核心交通中轴与大型活动的舞台；灯火之路串联已有的居民地块，丰富公共绿地。三者以线带面，分别统领各自的功能地块，最终构成了颜神的终极图景。在此基础上，小组同学们完成了颜神转角驿站、颜神民俗博物馆、颜神集市、颜神共享窑炉四份个人建筑设计方案。

扫码观看概念意象展示

城市设计方案总平面图

窑火		社火		灯火	
国际交流中心 全球陶琉艺术中国基地		民俗再兴 景区核心文化吸引力		怡然自得 优质旅居生活街区	
完备便捷的创作、展陈、售卖、交流产业链		延续文脉 游客与当地市民交流共融的特色机会		旅居友好 景区级体验与品质生活服务共促美好	
艺术家工作坊 一站式生产车间 电商基地 共享物流服务中心 国际交流中心 陶琉双年展 艺术家候鸟计划 博物馆 美术馆 IP陈列馆 陶琉教育培训基地 大师班 制作体验 陶琉集市……		常驻沉浸式体验 社火大街 颜神广场 潮流艺术 灯光秀 AR VR 历史建筑肌理 作坊 商铺 餐饮 民宿 曲艺茶楼……		优质居住环境 景区后花园 教育 医疗 完备的市政设施 居民小剧场 夜市 社区绿地 运动中心 购物中心 社区活动中心 青年公寓……	

张恒翔

为旅居双人群服务的"边界"——转角驿站

本设计位于颜神古镇的东南部，它是窑、社两火与灯火所统领物理空间的交接区域。通过拆改建，创造地块内公共空间，并将其与东西侧绿地连通，打破"硬边界"，让这里成为集阅读、简食、茶饮、观演、望景、运动、艺术创作与购物等多功能且可供游客与居民共同使用的休憩驿站。方案紧密呼应陶琉元素与三火概念，创新新的视角与维度，愿让颜神的火，从遥远的齐国，燃烧至充满可能的未来。

李宛阁

游廊引院·虚实之旅——基于增强现实系统的颜神民俗博物馆

本设计针对博山本土民俗文化进行挖掘和保护，并引入增强现实技术激活历史图景。基地位于社火模块的中部高地上，场地内原有13座合院民居遗存。方案在保留原有建筑的基础上，引入"游廊"来打破内向、封闭的空间秩序，破损屋顶抬升成为采光和交通空间。建筑外观提取了古镇合院、圆窑、陶瓷、琉璃等象征元素的特点。"游廊"作为历史与现代的桥梁，组织五大主题展厅游览和AR装置体验。

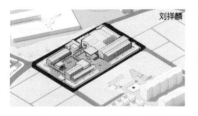

刘祥麟

食·剧·集 ——颜神市集

本设计位于城市设计概念下"窑火""社火"和"灯火"三条主要公共空间路径的汇集处，旨在打造一个集"面向游客的陶琉美食集市"和"面向社区居民的露天集市"两大功能的城市综合空间。结合场地原有厂房和砖混结构建筑进行改造，通过置入具有博山当地特色的民俗表演空间，使得集市成为游客和居民共融共处的场地。

居浩

多义共享——颜神共享窑炉

本设计希望依托颜神古镇厚重的陶琉文化底蕴，结合当地古镇的产业结构，将艺术家的生活与工作联系起来。方案以共享窑炉的概念为切入点，既为创作者提供优质的工作环境，也向游客展示了陶琉生产的场景。建筑改造策略遵循建筑再生理念，保留原有建筑的框架结构，重新组织内部空间，根据使用者的需求塑造不同的空间。

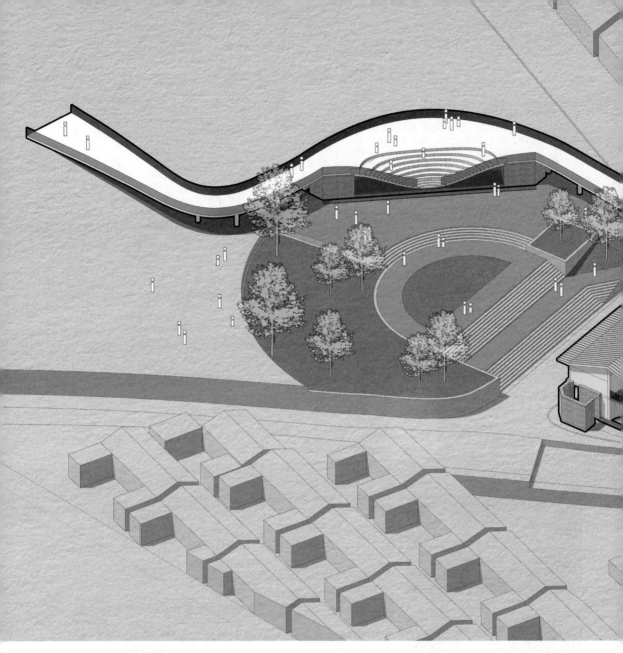

驿站在功能连线上的位置

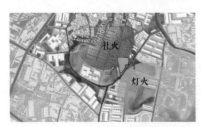

火与火的"边界"

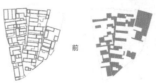

前

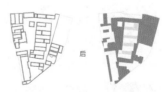

后

拆、改、建策略

基地原有的多间院落关系已具备足够的趣味性，不宜改头换面而宜锦上添花。故选择延续合院式传统民居所具备的空间形态氛围，将场地视作一个完整的大院落来思考，并绘制图底关系保证改造前后院落体验的一致性。竖向切分做建筑体量的组团，横向切分做公共空间的连通，尝试将一座座摆放紧密的小庭院变成一整个开放、舒适、秩序井然的空间。

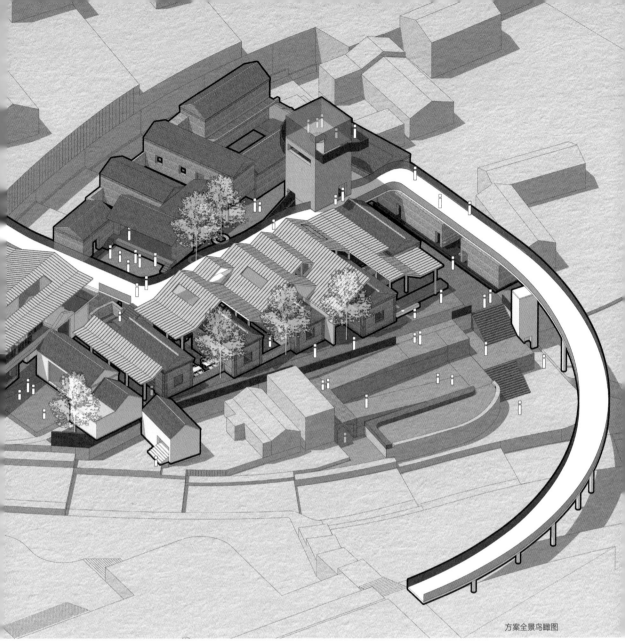

方案全景鸟瞰图

基地环境与主功能设定

场地西侧为步行道，东侧为车行道，共有六个入口，其中西1与东4为主入口，与栈道垂直对应。建筑组团的功能设定从概念出发，"基于陶琉元素，打造旅居双友好的功能区块"，设定为"驿站"，集休憩、阅读、简食、茶饮、观演等功能为一体——人们既能通过，亦能停留。

空间组织草图

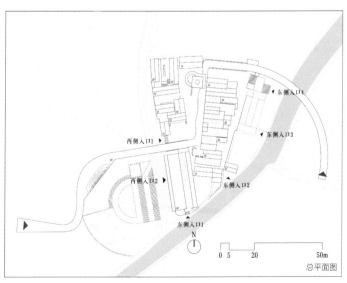

西侧入口1

东侧入口4

东侧入口3

西侧入口2

东侧入口2

东侧入口1

N

0 5   20   50m

总平面图

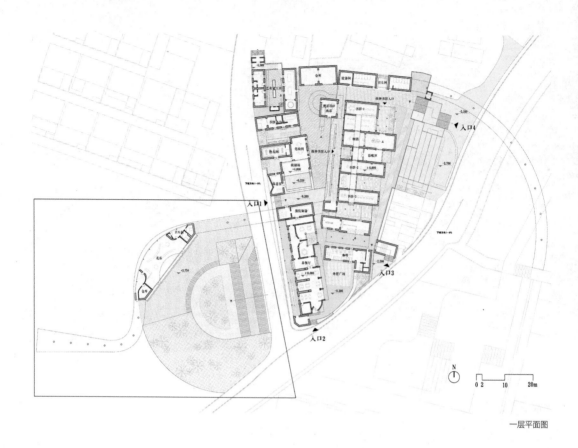

一层平面图

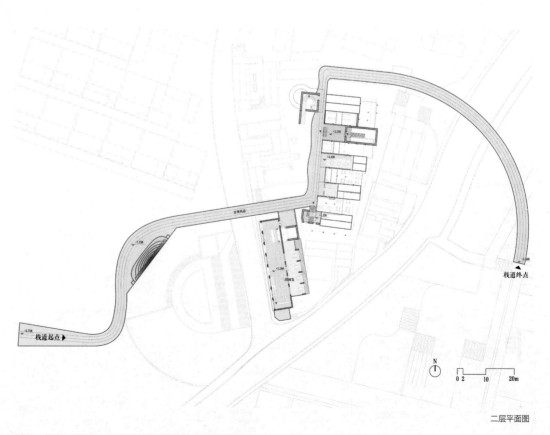

二层平面图

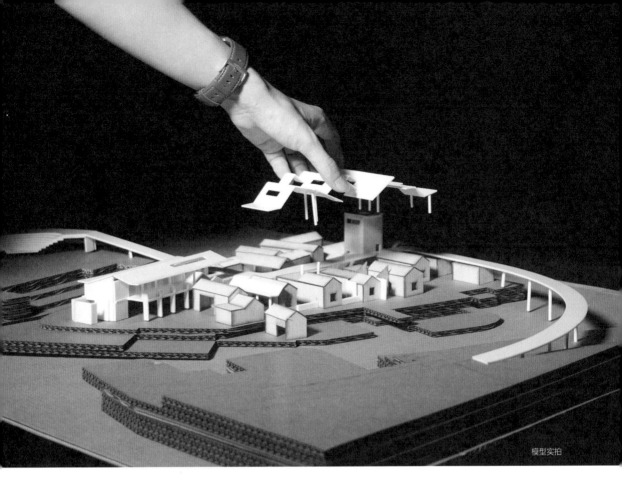

模型实拍

隧道与柱廊

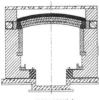

(a) 微拱顶隧道窑

折板屋顶

两个原型——N 与 Y

在人视角的体验上，尝试抓取场地内部的元素，抽象后运用于新建建筑之上，进而诞生两个原型：

拱形（N），取材于场地内存在的隧道窑遗址及至今仍在使用的制陶窑炉切面形状。设计将其运用在了连续门洞、柱廊等一系列的序列空间中。

连续折板（Y），取材于场地内密排的连续屋面所组成的形状。更改支撑位置，打造一片更巨大、轻盈的屋顶悬浮于保留建筑之上，保证新加入的结构对现有场地的影响最小化。

东立面图

西立面图

轴测展开图

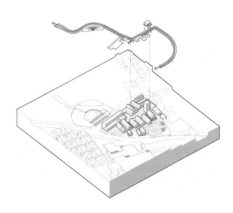

两个关键词——承托与穿越

由此延伸，贯穿建筑体验的有两个关键词：

承托，呼应陶瓷与琉璃的质感，一层保留原有建筑的厚实，呼应陶瓷的温润坚实，二层新建筑的浅色呼应琉璃的晶莹透亮。一实一透，一重一轻。重而厚实的一层建筑承托起轻盈的二层建筑。

穿越，是物理空间上的，更是精神上的。一层穿越，沿廊走过，触摸和感受时间的肌理。二层穿越，肆意、开阔而自由。栈道从西部的景观高地中扬起，刺入场地，平接书馆的二层平台，连通瞭望塔，而后跨越灯火之路，到东部的社区活动中心止。一条肆意的丝带穿越各个功能区块，也连带着其上的人们穿越颜神的新貌。

夜间微剧场

书馆西侧通廊

两个原型，两个关键词，既保留了过去颜神古镇的空间体验记忆，又提供了新的视角、新的维度来读懂当今颜神。

当夜幕降临，人们站在观景塔顶一览窑火灯光在古圆窑中流溢，坐观社火演出在微剧场舞台上精彩纷呈，静享灯火饮茶阅读的休憩时光。于是，三火在这里交汇。小小的一方驿站续燃颜神的火，从遥远的齐国，燃烧至充满可能的未来。

古窑天光 再燃颜神之火

观景塔采用了外方内圆的形式，用厚重的混凝土围合，圆形的旋转楼梯直达塔顶。墙身开窗的克制是为了塑造内部近似古圆窑的体验：一束光从圆洞洒下，流淌在层叠的砖瓦上，回放着世代匠人辛苦劳作的旧时片段，也映照着历史车轮滚滚向前的痕迹。它是述说历史的话语，也是凝聚神魄的光亮，连接着曾经与当下。拾级而上，向着光芒靠近，走向的便是颜神崭新的面貌。

古院新生——社区服务组团设计
RECONSTRUCTION OF THE OLD YARD
DESIGN OF COMMUNITY SERVICE GROUPS

设计者：张祎言
指导教师：王一　李翔宁　孙澄宇
城市研究阶段合作者：张一辰　张亚凡　金莹
学校：同济大学

Designer : Zhang Yiyan
Tutor : Wang Yi Li Xiangning Sun Chengyu
Team Member in Urban Study : Zhang Yichen Zhang Yafan Jin Ying
School : Tongji University

指导教师评语

该同学所在的团队由张祎言、张一辰、张亚凡和金莹四位同学组成。团队总体城市设计研究确定了一条南北贯通的公共活动轴，串联公共服务、青年艺术家社区、田园剧场和都市农园四个功能片区。张祎言的基地位于公共活动轴的北端，是新老功能、新旧形态联系和过渡的重要节点，也是旅游者、居民和艺术家日常活动汇聚的场所。设计将功能定位于面向各种人群的综合服务组团，在空间体量组织上关注历史片区细密肌理与青年艺术家片区非细密肌理，通过对两个片区建筑体量、方向和群体关系等的形态学研究，建构了两种形态的连接和过渡关系。同时，依据人流来移动路径和梳理场地高差，结合地形组织三种不同形态的院落空间和室外活动平台，将地形突变造成的不利影响化解为层次丰富的公共活动空间。设计中对山东传统聚落空间形态特征的梳理和重构，体现出较强的空间敏感性和创新意识。

旅居共享，窑炉新生

在城市设计阶段，我们主要关注了如何保留传统城市印迹，以及如何解决现存城市矛盾两方面的问题。城市印迹的保留主要体现在两个部分，具象的物质实体以及当地居民的城市体验与记忆。对于具象的物质实体，我们采取了选取评估后具有较高历史价值的物质性代表并完整保留的方式。而针对居民记忆和体验的保留，我们则关注了城市空间结构和城市中的路径氛围两个方面。

在继承城市记忆的同时，我们还应当关注城市现有矛盾的解决。基于前期的深入调研，我们发现对于当地居民来说，空间结构存在片区公共空间功能形式单一、院落形式封闭等问题。对于当地旅游业来说则存在区域较大、用地分布碎片化、旅游资源不统一、服务流线未成体系、旅游区与社区脱节等问题。最后，对于当地的陶琉产业来说，区域内出现的明显问题是新生动力不足。为解决和应对以上问题，我们将城市设计的主题定为"旅居共享，窑炉新生"。旨在创建多方共享的新城区，并助力当地的陶琉产业焕发新生。

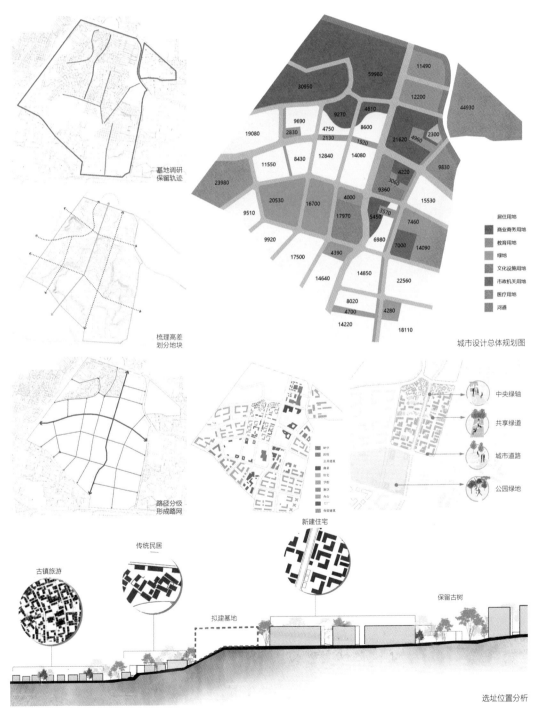

基地调研
保留轨迹

梳理高差
划分地块

城市设计总体规划图

居住用地
商业商务用地
教育用地
绿地
文化设施用地
市政机关用地
医疗用地
河道

路径分级
形成路网

新建住宅

中央绿轴
共享绿道
城市道路
公园绿地

古镇旅游

传统民居

拟建基地

保留古树

选址位置分析

城市印迹，记忆延续

在时间的维度上，人的各种活动是从某一个节点开始，又在某一个节点结束。但这些活动的发生不会随其结束而归于虚无，反之一定会留下某种影响，其中物质方面的影响被称为"印迹"，而非物质方面的影响则被称为"记忆"。这些物质化的印迹在未来的某个时刻又可能成为记忆重启的契机，将人们在过去记忆中的某种感受带回此刻。而进行这一活动的空间，即由建筑、院落、植物、场地等多重要素限定构成的整个场域，则成为城市印迹中的一个至关重要的部分，是城市记忆的一个重要载体。在城市更新和建成环境更迭的过程中，新产生的场域如何才能更好地传承地域中的非物质文化、更多地保留和延续场所中的城市记忆，并使其焕发新生，这便是本项目的研究重点与设计目的。

建筑设计阶段的项目基地位于城市设计基地的中央地带，为一处带有保留建筑的缓坡台地。在有自然高差的原本地貌基础上，古窑村院落的建造又对场地进行了二次切割，使地形更加复杂，这成为建筑设计的重要限制条件。此片区域位于共享绿道北部、中央绿轴东侧，是一块非常重要的过渡性区域，同时也是多种类型人群共享的一个复合性区域。

城市肌理
基地范围

保留路径
层级梳理

划分三院
置入体量

总平面图

场地内公共空间表现图

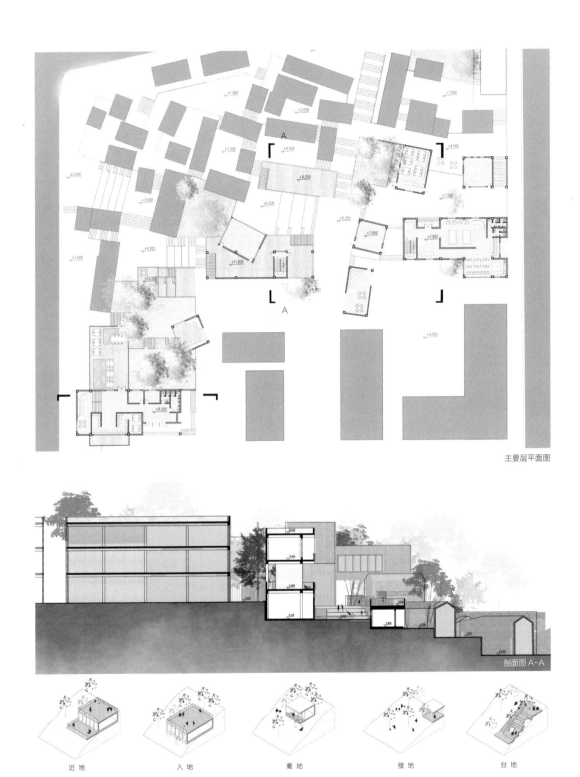

主要层平面图

剖面图 A-A

| 近 地 | 入 地 | 离 地 | 接 地 | 台 地 |

平川层台，山峦环抱

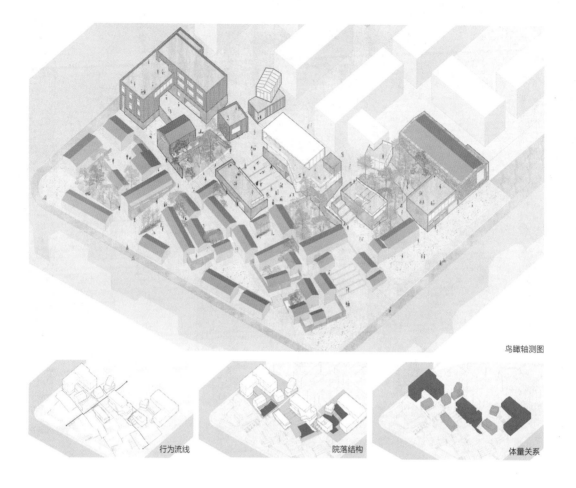

鸟瞰轴测图

行为流线　　　　　院落结构　　　　　体量关系

两路三院，形制创新

首先对原有场地（主要是传统聚落保留区域）的流线、两种城市肌理的不同轴线进行了梳理，确定了一条主要交通路径以及一条次级道路交通路径，并顺着两条路径对保留建筑区域的场地进行整理，包括高差台地的整理、部分建筑的拆除、场地路径的组织等等。两条南北向的路径将整个地块自然地划分为三块不同性质的区域。结合原有的地理条件与传统聚落空间院落结构的研究，确定其硬质公共区域与景观区域的配比与具体布局在建筑的体量控制方面有重要作用，决定以南边的青年社区的大体量建筑作为主要体量形式构建的空间结构，并遵循青年社区区域的正交轴线排布。通过在场地和建筑内部置入灵活的小体量，保留了传统民居村落肌理以及变化的轴线肌理，实现了肌理的过渡和延伸。

依据不同区域的地理条件及人流条件将三个区域分别定义为以住宿为主的"院"、以活动运动为主的"园"以及以教育文化为主的"苑"。再通过对当地传统建筑的研究，选取相应的代表性围合结构进行变式，形成保留了传统城市记忆和空间形态的新城市空间。

基地内现存建筑形制

一进三合院　　　　　单体建筑　　　　　L 型庭院

「院」　　　　　　　　「园」　　　　　　　　「苑」

旧院重构，古韵新生

在本次的项目实践中，研究探讨了有关城市记忆与传统空间形制之间的关系，并尝试将非物质的城市记忆赋予到城市空间形态中，通过对其解构与重组，创造新的过渡态建筑与城市空间。同时也将材料、氛围、植物等物质化的城市印迹继承和保留，希望可以在更新后的城市空间与新建的建筑中，回应场地和传统文化，探索了一种在城市建筑新旧更迭中保留传统空间的新解决方案。

安居之院

东边区域地势较陡，直接通达性相对较差，距离主要的中央绿道较远，将其定位为住宿功能。

这一院落主要采用山东传统聚落中最经典的三合院形式变式而来，主要特点是围合性较强，私密性较好。在底层延续当地"碱脚"做法的基础上，上层采用竹木饰面，创造温馨舒适的休憩氛围。

冶游之园

中间区域是重要的人流汇集区和同行共享区，在这里主要强调其通透性、交通性，采用了流通性的底层和通透性的立面，希望强调建筑两侧区域的流动以及建筑内外的交流。

这里是承接南边新建的青年艺术家村的最重要的部分，于是上部采用了与其相同的材料以示呼应。

博览之苑

西边区域面对着主要的人流共享绿道，并且是游客人流来向最主要的部分，希望在这里承接一部分的文化宣传和展示职能，加上南部新建青年居住区有着受教育的主要需求，于是将这里定义为文化教育与展示的区域。

结合后方山地园林，创造丰富的建筑空间形式。立面采用不同大小和类型的石材，试图烘托稳重雅致的氛围。

陶琉图书馆设计：共享性与标志性结合的空间探索
LIBRARY DESIGN BASED ON SHARED EXPERIENCE AND COMMEMORATION

设计者：谢锦浩
指导教师：孙澄宇　李翔宁　王一
城市研究阶段合作者：戴娉偲　万芷彤　张茹真
学校：同济大学

Designer : Xie Jinhao
Tutor : Sun Chengyu Li Xiangning Wang Yi
Team Member in Urban Study : Dai Pingcai Wan Zhitong Zhang Jiazhen
School : Tongji University

指导教师评语

谢锦浩同学所在四人小组，从淄博地块的区域位置分析入手，结合其周边既有禀赋，判定其更新的发力点应置于将传统陶琉文化、当地基础教育、上下相关产业等三方面的有效结合上。同时，通过现场勘测，聚焦场地中的鲜明地势特征，沿高地周边的连续陡坡发展出一个场地中心的绿带环，将整个场地分为了中心的"心灵高地"与周边的"日常生活"两个层面，然后在该高地上分别布置了可供周边人群共享的图书馆、体育场、剧场、文化中心等设施。该作品则是其中的图书馆部分，它通过结合地势塑造一个"藏书楼"特征，在回应功能性需求的同时，还为整个地块提供了空间导向参照，亦是对于周边多所学校的心灵指引。建筑设计注重形态上的启承转折，组织了社区生活与图书阅览两条流线。

城市设计概念——共享高地：点燃文教，锤炼工业

目前博山的陶琉产业正面临着产值有余、创新不足的尴尬境况。因此，要复兴陶琉产业，从最根本上应该实现陶琉产业的创新：通过创新，让陶琉产业跟上时代的步伐，才是解决陶琉产业式微现状的上上策。然而创新的根本来源于教育，如今博山区无论是中小学义务教育资源还是陶琉相关的职业技术教育资源都较为缺乏。只有培养出高端的理论型人才和技术型人才，才能够推动当地陶琉产业的创新，进而提供更多的工作机会，促进人才的回流，形成良性循环，最后实现陶琉产业的复兴。

而对于颜神古镇这样一个充满着文化和历史底蕴的场地，文化教育与该场所的内核十分契合：学生在接受教育的同时也能感受到当地浓烈的陶琉文化的熏陶，进而唤起新一代人对于以往的城市记忆以及文化记忆。只有当新一代的城市公民对城市的文化有了深刻的认知以及文化认同感以后，陶琉文化才能够真正走上振兴之路。

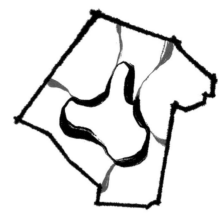

城市设计方案概念草图

愿景：文教与产业的新高地

在此背景下，我们提出了以下发展策略：以陶琉文化中的"共享"概念为核心，进行系列改革。首先，通过增设与陶琉文化相关的各级教育机构，以提高本地青年群体的教育水平和职业技能，为博山区的发展奠定人才基础。其次，通过改善居民生活环境和配套设施，建设创新实验基地，以吸引外来的高素质人才。这些措施将为博山区的传统工业体系的升级改造铺平道路，从而提升博山区的经济实力。同时，也将为打造更优质的市民文教生活环境贡献力量，提升博山区的文化软实力。最终，我们希望能够将博山区打造成为一个融合文教与产业的新高地，实现共享发展的目标。

1. 基地位于丘陵之上，内部有一定的高差，如何破解高差，尽最大可能使用这块区域，是设计的关键

2. 图示为基地内坡度较陡处，围合成一个环。该处不宜设置过多建筑和城市职能，但作为绿化和景观空间是天然的来源

3. 围绕这一圈坡度陡峭的地方做一个绿环，作为基地内最大的公共空间系统，使空间结构明确清晰

4. 由绿环围合的区域地势比周围高，给人以崇高之感，结合愿景将中间的高地打造为文教共享高地，呼应博山传统民居中共享的元素

城市设计方案概念生成

城市设计方案总平面图

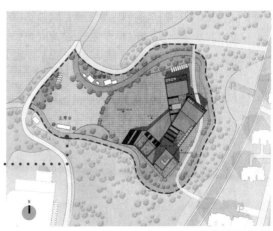

陶琉图书馆总平面图

确定基地周围道路

打散体块，顺应地形，丰富视觉互动关系

整合体量，形成线性体量关系

进一步顺应地形关系，抬起体量

打造中心空间，衔接并沟通三个线性体量

继续升起线性体量的一端形成藏书阁，作为文化高地的标志

形体生成分析

开放的屋顶流线

为了强调人与人之间的交流与互动，线性体量的屋顶被设计为可以上人的形式。人们在线性体量顶部拾级而上的过程中可以产生丰富的视觉互动体验，也能够邂逅各种各样交流互动的机遇。

建筑室内外流线清晰，互不干扰，在室内外出入口的节点处均设置安检口，方便建筑的管理。

共享的开架阅览空间

现代意义上的图书馆不仅仅只是一个供人学习的场所，也是促进人交流、共同进步的触发器。图书馆的主要阅览空间是一个跨层开放的开架阅览室，参照代尔夫特理工大学图书馆的管理模式，开放的阅览室鼓励人们进行沟通与交流。如果人们需要一个安静的阅读环境，也可以进入开架阅览室周围的各个独立阅览室进行阅读和学习。

双层的藏书阁空间

由于藏书阁空间可从屋顶平台直接进入，为了方便建筑的管理，藏书阁在平面上被划分为内层与外层。人们从屋顶平台进入的是藏书阁的外层，内外层由玻璃分隔。人们可环绕藏书阁的外层螺旋上升，同时与藏书阁内层的人们进行视线的交流与互动，当到达藏书阁顶层时，可通过安检进入藏书阁内部。人们在螺旋上升的过程中也可以体会到藏书阁与书籍知识的神圣性。

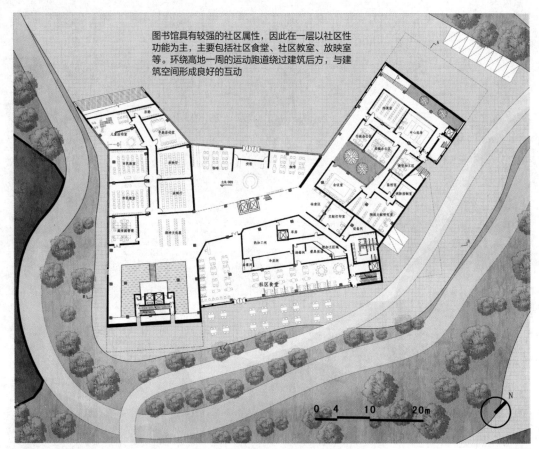

图书馆具有较强的社区属性，因此在一层以社区性功能为主，主要包括社区食堂、社区教室、放映室等。环绕高地一周的运动跑道绕过建筑后方，与建筑空间形成良好的互动

0 4   10   20m

N

首层平面图

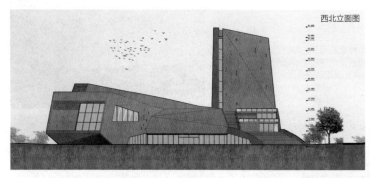

西北立面图

由于部分线性体量悬挑较大，因此为了保证结构的可行性，悬挑较大的 2 个线性体量采用了钢桁架的结构。钢桁架的体系在外立面中也能够体现出来。

西南立面图

藏书阁高 45.6m，作为城市设计方案中共享高地的高塔标志，为区域内的人们指引方向。同时将藏书阁与高塔这两个意象相结合，进一步体现了书籍与知识的崇高性。

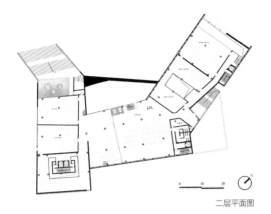

二层平面图

阅览室：共享 & 安静

从二层开始，便进入了主要的阅览空间。在开放的开架阅览室中，人们可以进行交流与互动。在开架阅览室周围的各个专门阅览室中，人们可以安静地在此进行阅读与学习。

藏书阁位于开架阅览室一侧，总共藏书量在 20 万册以上。

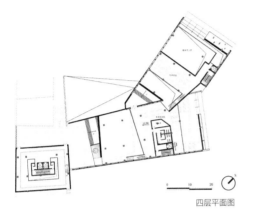

四层平面图

藏书阁：螺旋上升

藏书阁分为内外两层，藏书阁外层可以由四层屋顶平台进入，人们自外层螺旋攀升，到达顶层后可以通过安检进入内层。

螺旋上升攀登登高塔这一意象凸显了书籍与藏书阁空间的庄严性与崇高性。

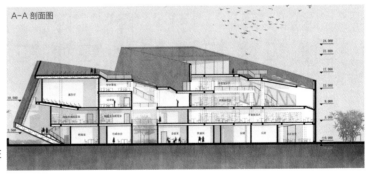

A-A 剖面图

悬挑处采用钢桁架，保证悬挑结构的稳定性。

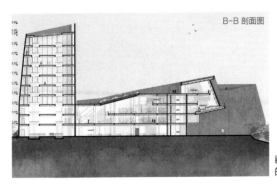

B-B 剖面图

藏书阁空间与开架阅览室的空间关系如图所示。

山 东 建 筑 大 学

SHANDONG JIANZHU UNIVERSITY

山东建筑大学

SHANDONG JIANZHU UNIVERSITY

1 琉彩绽蕴
山河同辙

城市之崖作为地块的设计重点，作为风貌特殊的地标，在城市更迭发展中成为新的印迹。

2 城市引爆与
柔性过渡

力求通过文旅产业作为"引爆点"，带动城市经济与文化的发展，并最终将概念贯彻到三个片区进行建筑设计。

3 链旧城
传新梦

引入教育产业成为独立组团，加强岳阳河两岸联系，促进陶琉文化的发展与传承。

朱欣桐

李 澈

张聿柠

刘 淇

岳非凡

田润宜

马司琪

刘相宇

管毓涵

赵 斌

江海涛

刘 文

指导教师

城市·印迹

面对我国城市化进程由增量建设到存量提质的转轨，城市更新成为重要的学科发展背景。相较于建筑学专业学生熟悉的聚焦建筑本体的操作呈现，城市更新课题需在多维思考的立体辨知下，通过对既存状态的深入梳理，复合化地提出激活片区的策略路径。

作为本届"8+"联合毕业设计的主办院校，山东建筑大学与同济大学毕设教学组一道，经多轮探讨，将基地选址定于淄博博山颜神古镇片区。古镇自北宋开始陶瓷业兴盛、匠人云集，形成了陶琉产业为核心的繁盛工业区，近代随着城市产业结构发展，曾经的北方瓷都、琉璃之乡历经沉浮兴衰，在新的时代背景下亟待活力复兴、焕新发展。颜神古镇的设计条件堪称"优越"，既有更新需求中问题的普遍性，又带有产业、文化特征的独特性，并考虑已开发片区在教学中的示范价值，可在构成设计任务复合挑战度的同时，为联合各教学团队提供破题视角的发散可能。

设计任务由分组完成城市设计和个人完成单体设计两部分构成。在城市设计部分，山东建筑大学三个团队以时空为断面对片区做了发展性的研究梳理，明确了产业适配导入的前置条件和古镇文化因素的显性题眼，进而搭建设计思路的框架起点：A、C组聚焦新旧业态共生，基于对场地原始条件的梳理，形成各自的整体规划结构。B组提出打造两大特色文化片区作为引爆点，以过渡性肌理加以衔接，进而构成城市设计的骨架。在城市设计推进的同时，组内成员选定各自的建筑单体任务，以城市设计的总体目标为引领，深入扎实地完成了单体设计任务，充分体现了城市设计对于拉通整体性设计思维的连贯作用。

经历这次宝贵的联合设计教学，相信每一位即将走上工作岗位的建筑师都能意识到，在日益精益的城市建设和资本运营捆绑的当下，当我们面对城市更新课题的复杂性时，需要对产业、文化、人群、事件等要素的深度关注，这或许也是当下建筑学教学的突破向度之一。淄博烧烤"出圈"作为文化事件带动城市发展的现实案例，在联合教学团队进行现场调研后发生。这一未被预知的巧合，也为建筑学所需更广度关注和更开放思考呈现了生动的一课。在完成建筑学完整的本科学习后，同学们所获得的，除了专业工具性的技能，应该就是综合解决复合问题的思维能力和应对社会复杂性的认知了。

忽似阆风游
DWELLING ON THE MOUNTAIN CLIFF

设计者：朱欣桐
指导教师：赵斌　刘文　江海涛
城市研究阶段合作者：刘淇　马司琪
学校：山东建筑大学

Designer : Zhu Xintong
Tutor : Zhao Bin Liu Wen Jiang Haitao
Team Member in Urban Study : Liu Qi Ma Siqi
School : Shandong Jianzhu University

指导教师评语

该方案在城市设计阶段选取颜神古镇内部地形最为复杂的区域，内陷的凹地与断裂的山崖是片区需要被郑重对待的强烈制约因素，结合片区水流方向，以西部、东南"崖"对中央"谷"的视线影响为切入点，通过流线造型、地景手法形成城市边界的柔性过渡。建筑单体选址于靠近崖地的台地，营造传统街巷空间的同时，植入具有齐风的内街游览、贴于山崖的民居民宿以及田园畅野的生态田垦等业态，将当代人群行迹在不同标高的"舞台"上徐徐展开。

开山修路——现代化前夜印迹

悉数博山区产业发展的历史沿革，可以看到在城市的沧桑巨变中，山区面临多重考验：一方面，淄博市中心转移带来发展滞后性，另一方面，埋藏大量矿产的山城因地形地势原因造成交通不便，难以跟上发展步伐，逐步变为资源枯竭型城市。但博山的民俗生活、传统艺术与工业自古扎根于此，并在现代的产业转型背景下不断谋求未来的发展道路。因此，在博山区的现代化前夜，一座座开山修路的纪念碑矗立在村落间、田埂上。坐落于台地以上的传统村落建成时间约为 1970 年代，内部以较为整齐明晰的轴线为道路骨架，背靠巨大断崖与西临的挡土墙，都是博山区开山修路时期遗留的特殊风貌，表现一定时代城市开发过程中暴力改造环境的现象。

位置选址

削切场地　　　　轴线扭转　　　　引入庭院　　　　梳理流线　　　　折坡屋顶
层层退台　　　　东西相望　　　　竖向通廊　　　　横向流通　　　　加强走势　　　　操作手法

城市之崖百废待兴，通过场地内惊心动魄的巨大崖地与小巧零落的民居建筑，可以延伸想到元代画家黄公望的《良常山馆图》——以苍润山水拟城市之崖，以传统笔法"运"现代建筑。设计将古画与崖地景观拆解对比而看，从山的不同部位在竖向上达成疏通，将老院和新院的流线进行转译，并在横向上加强引导，最终形成传统合院四面连接、中心庭院游廊相接、入口转折形制规整的特色。

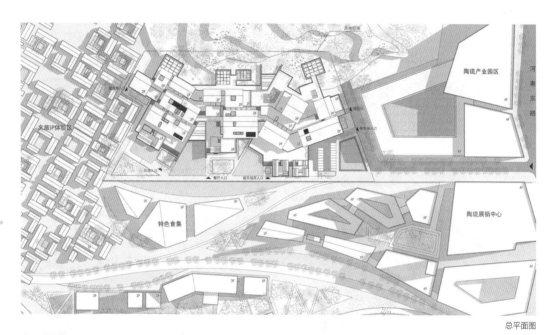

总平面图

概念引入

将再适应设计作为一种建筑手段，通过山体造型的削切和建筑
体量的堆叠，从而控制整体建筑走势暗合山地形态。借山造
院，依托现存的建筑或建筑结构来进行下一步设计。新旧建筑
物相互协同，为场地提供新的价值定义。以山地民宿为主，增
添餐饮、娱乐功能，为曾经单一的民居建筑空间内的行为及发
生的场所提供新的价值，从而挖掘城市环境新的活力。

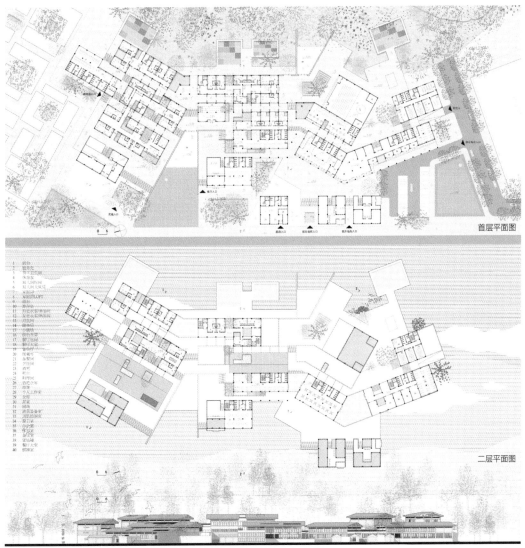

首层平面图

二层平面图

西立面图

功能与轴线分析图

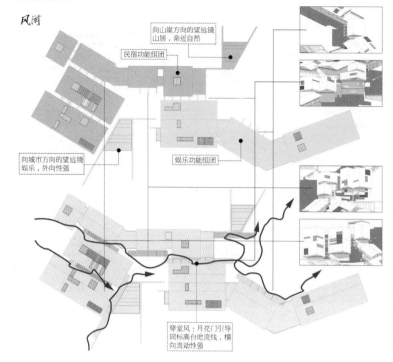

风游

向山崖方向的望远镜
山居，亲近自然

民宿功能组团

向城市方向的望远镜
娱乐，外向性强

娱乐功能组团

穿堂风：月亮门引导
同标高台地流线，横
向流动性强

乐山而游——风游、崖居、田垦

乐山而游，城市之崖民宿会所的
风游、崖居和田垦活动，使颜神
重生焕发新的生机与魅力，通过
两个条带、两个镜筒实现。

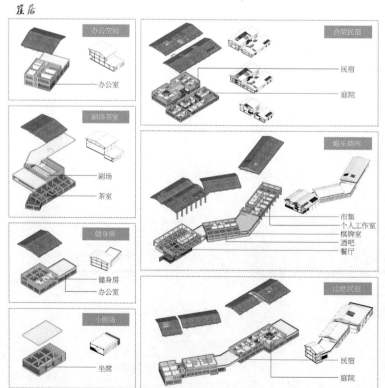

崖居

办公空间
办公室

合院民宿
民宿
庭院

剧场茶室
剧场
茶室

娱乐场所
市集
个人工作室
棋牌室
酒吧
餐厅

健身房
健身房
办公室

小剧场
坐席

山地民宿
民宿
庭院

一方面，以民居功能为主的条带
与以娱乐功能为主的条带咬合，
穿廊引院的月亮门引导相同标高
的流线，横向流通性强。

另一方面，梯形镜筒作为不被定
义功能的空间，给予两个轴线扭
转方向更多意义赋予的可能性。
向东探出的镜筒看向城市，牵引
了娱乐条带的活动流线；向西探
出的镜筒看向断崖，回应了居住
条带的私密与观景的双重属性。

这两方面反映了传统思想中人心
向内外求索的可能性，也反映了
城市之崖在白天黑夜、一年四季、
不同时代都呈现多重性格与不同
含义。

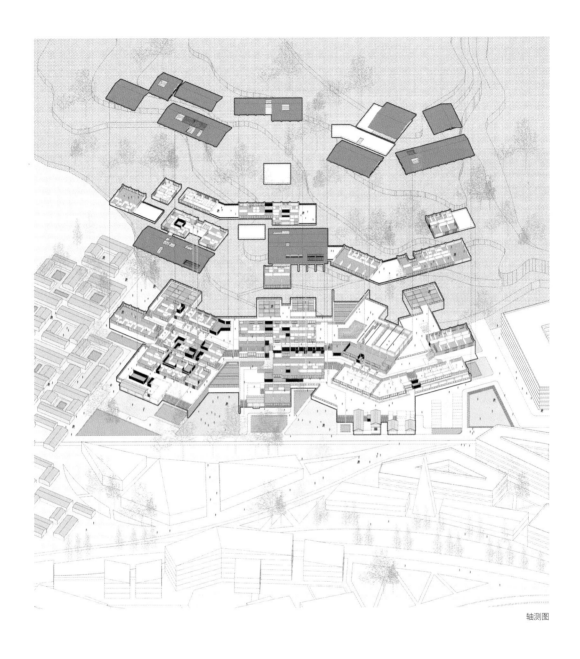

轴测图

剖面透视图

洄园
THE WANDER, THE REMEMBERANCE

设计者：李澈
指导教师：赵斌　刘文　江海涛
城市研究阶段合作者：岳非凡　刘相宇
学校：山东建筑大学

Designer : Li Che
Tutor : Zhao Bin Liu Wen Jiang Haitao
Team Member in Urban Study : Yue Feifan Liu Xiangyu
School : Shandong Jianzhu University

指导教师评语

在充分调研区域发展及地域文化的基础上，以"城市引爆点——柔性过渡"为切入点，依托现有古镇肌理和产业需求，立足陶琉重塑齐风，赋予片区持续的发展动力。单体设计上，选取"洄游"作为设计理念，不同标高的弧墙构建出不同收放体验的空间，意外洞口的开启又时刻暗示了物理上"洄"的可能；从民居和古窑中所提取的拱形元素与拌玩等民俗活动的结合，不仅是对传统风貌的现代解读，更是让来者通过具体使用行为对场所产生共鸣，继而引发心理上的"洄游"。

人视点效果图

承接城市设计的部分提出了概念"泂园"，其意为肉体与精神上的溯洄，为此讨论的问题不吝于：空间、形式、功能、材料等。"泂"的出处是《蒹葭》中的"溯洄从之，道阻且长"，此时溯洄一词便诞生了，它有两个含义："Wander"与"Rememberance"，分别是物理与心理上的溯洄，在物理上人们相对曲折地从林中漫步至村落的街巷，在心理上人行走于此处时，可以回想起这里曾经的古窑、村落与桃林。院落作为一种我们熟悉的操作手法，继而组院成园，也就是泂园。

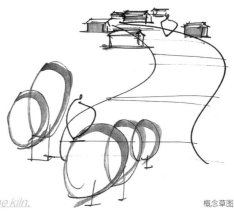

概念草图

Wandering in the past and the present,the forest and the kiln.

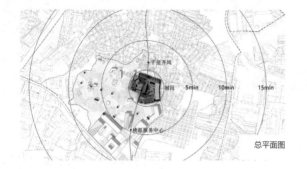

总平面图

选择场地中矛盾最激烈的地区进行深入的建筑设计，衔接街巷与桃源、产业与文化。

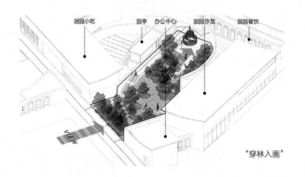

洄园小吃　洄亭　办公中心　洄园沙龙　洄园餐饮

"穿林入画"

引林入园，通过建筑体量的限定与场地的营造设计，将南侧行人引入洄园中。

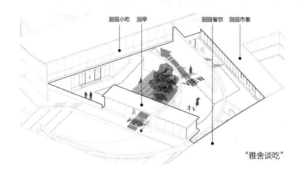

洄园小吃　洄亭　洄园餐饮　洄园市集

"雅舍谈吃"

起承转合，借用两道弧墙，在引入南侧行人的同时适当引导。

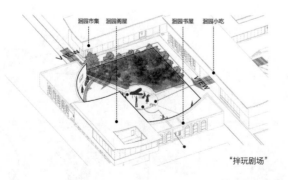

洄园市集　洄园阁屋　洄园书屋　洄园小吃

"拌玩剧场"

此处为博山民俗拌玩的演出场地，同时可供日常使用，衔接北侧街巷。

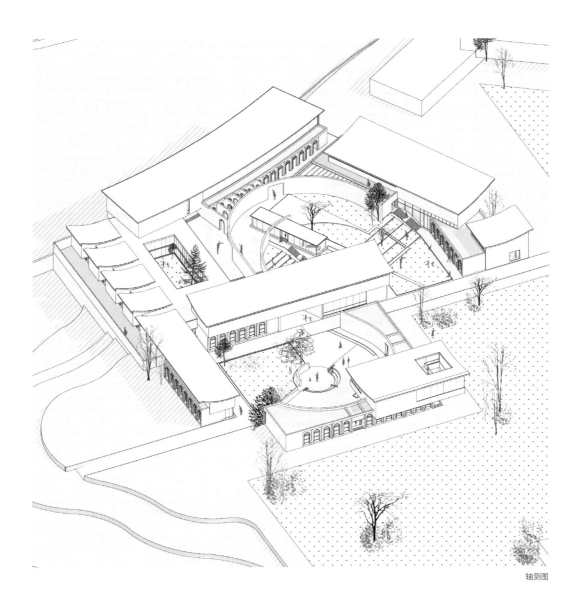

轴测图

景观引入

将景观引入场地，同时随着庭院尺度的收放，景观逐渐稀疏，消弭于院落之中。

流线组织

延续场地现存道路，在此基础上适当修改，增加游园流线，丰富体验。

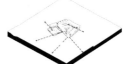

轴线控制

建筑的形体以及空间设计受城市轴线或者视线的制约，共同形成城市空间。

空间操作

通过讨论墙与盒子的关系进行空间操作，尽可能逻辑清晰地形成完整的建筑空间。

场地本身存在高差，在设计时进行了适当的平整处理，除了水平方向限定明确的院落外，在垂直方向上也形成了高程丰富的庭院空间，整体空间体验连贯且丰富。

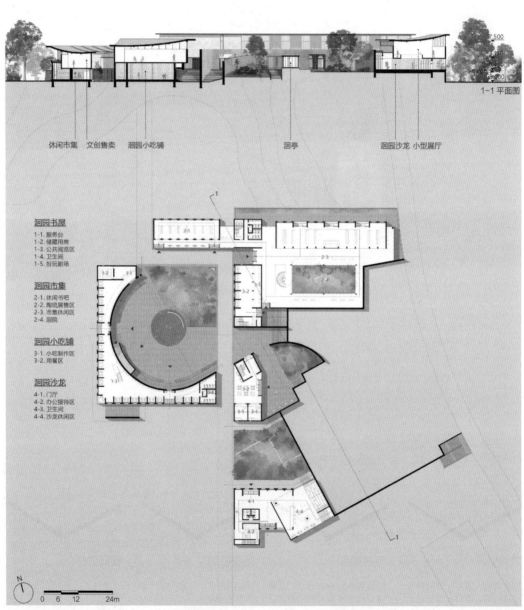

1-1 平面图

休闲市集　文创售卖　迴园小吃铺　　　　　　　迴亭　　　　迴园沙龙　小型展厅

迴园书屋
1-1. 服务台
1-2. 储藏用房
1-3. 公共阅览区
1-4. 卫生间
1-5. 扮玩剧场

迴园市集
2-1. 休闲书吧
2-2. 陶琉展售区
2-3. 市集休闲区
2-4. 迴院

迴园小吃铺
3-1. 小吃制作区
3-2. 用餐区

迴园沙龙
4-1. 门厅
4-2. 办公接待区
4-3. 卫生间
4-4. 沙龙休闲区

N

0　6　12　　　24m

一层平面图

而对于院落本身主要通过建筑体量进行限定与围合，同时院落中的弧墙强化了庭院之间的联系，在拌玩剧场区弧墙作为负形辅助形成建筑形体，而在餐饮区则作为正形塑造空间。

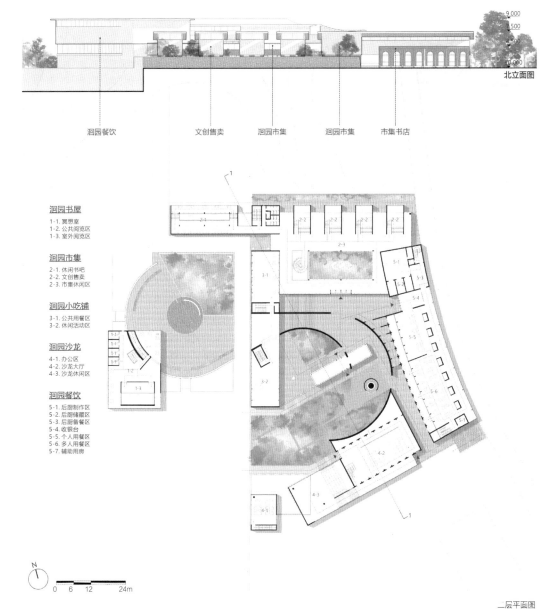

9.000
7.500
4.500
0.000

北立面图

洄园餐饮　　　文创售卖　　洄园市集　　洄园市集　　市集书店

洄园书屋
1-1. 冥想室
1-2. 公共阅览区
1-3. 室外阅览区

洄园市集
2-1. 休闲书吧
2-2. 文创售卖
2-3. 市集休闲区

洄园小吃铺
3-1. 公共用餐区
3-2. 休闲活动区

洄园沙龙
4-1. 办公区
4-2. 沙龙大厅
4-3. 沙龙休闲区

洄园餐饮
5-1. 后厨制作区
5-2. 后厨储藏区
5-3. 后厨备餐区
5-4. 收银台
5-5. 个人用餐区
5-6. 多人用餐区
5-7. 辅助用房

N

0　6　12　　24m

一层平面图

旧厂里的帷幕
CURTAIN IN A CERAMIC FACTORY

设计者：张聿柠
指导教师：赵斌　刘文　江海涛
城市研究阶段合作者：田润宜　管毓涵
学校：山东建筑大学

Designer : Zhang Yuning
Tutor : Zhao Bin Liu Wen Jiang Haitao
Team Member in Urban Study : Tian Runyi Guan Yuhan
School : Shandong Jianzhu University

指导教师评语

城市设计阶段以岳阳河为活力中心，以"织补"为设计理念，利用沿河景观轴及陶琉学习廊道将场地内重要空间节点进行串联，实现城市肌理过渡的同时继而联系东西两个片区。单体阶段，借助开阔的场地环境，将横向的轴线转化为帷幕的意象，在美陶厂与新区之间竖起一高一低的两组"幕布"，老旧与新建的交错，实体与半透的交叉，形成前景、中景与后景的区分，丰富了视线感官上的体验。自河东岸向西眺望，幕布贯穿于厂中，映衬出厂内曾经的辉煌印记。每一次落幕，都预示着一个新的序幕，美陶厂曾见证一个时代的繁荣，也希望未来的它能再次焕发属于自己的活力。

链旧城 · 传新梦

城市设计阶段中，设计团队针对基地的产业资源、文化底蕴及特色村落景观的发展优势提出了产业升级、空间链接的设计策略。在颜神古镇区域中引入教育产业、康养产业与当代陶瓷业协同发展，并选取规划方案中的教育组团进行深入设计。

体验的路径分别渗透于美陶、古村与新区之间，也穿行于不同建筑之间，跨越河道形成了连续的序列。焕然一新的美陶厂和欣欣向荣的教育基地隔岸相望，厂中原有的旧烟囱与新建的陶琉之塔共同构成了城市的新地标。

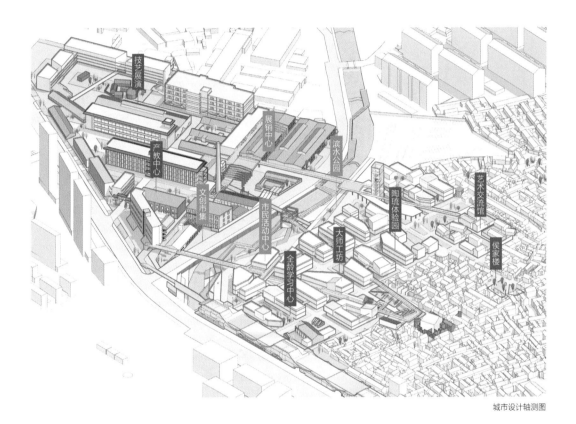

城市设计轴测图

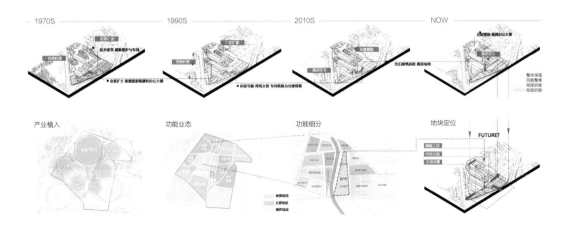

I

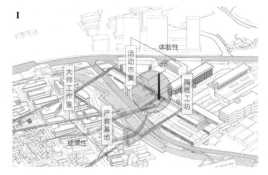

地块定位

城市设计中，美陶厂烟囱作为区域的核心标志物，围绕其定义了规划中重要的开放空间节点。

功能策划方面，以岳阳河为界，将东侧美陶片区定义为观光体验性质的文旅教学性质，与西侧较为严肃的教育基地进行区分。

II

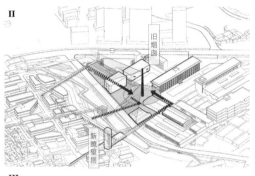

轴线避让

遵循前期策划中的轴线走向，在该区域中进行调整。将原有连续性的秩序打破，围绕烟囱形成一放大的区域节点。

借助开阔的场地环境强化标志物的可识别性，加强两岸间视线的互动。

III

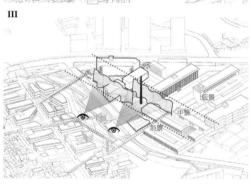

帷幕引入

将横向的轴线转化为帷幕的意象，在美陶厂与新区之间竖起两面幕布，老旧的建筑与新建的体量交错，形成前景、中景与后景的区分。

帷幕之下，新与旧之间的对比与交融，丰富了城市的空间环境。

IV

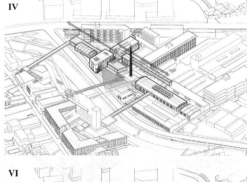

体量控制

一高一低的两组体量穿插于旧建筑之间，实体与半透的交叉，丰富了视线上的体验。

通过对旧厂房进行局部拆除，使得其原有结构与条形体量依附，形成半开放的市民活动空间，将美陶厂还于市民，增强区域的公共属性。

VI

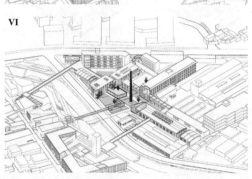

空间划分

植入四个新加建体量，作为新的标志物，与烟囱形成新旧上的对比。

场地结合建筑空间划分成为三种层次，强化横向的秩序感。

在总平面的布局上，为承接河岸另一侧的人流，也为延续其旧时的生活属性，我们将方案中间的区域围绕烟囱打造为开放广场。街角位置布置为半开放的文创市集以及简单的陶琉体验工坊。最南侧几栋厂房我们将其定义为私密程度较高的陶瓷教学区域。

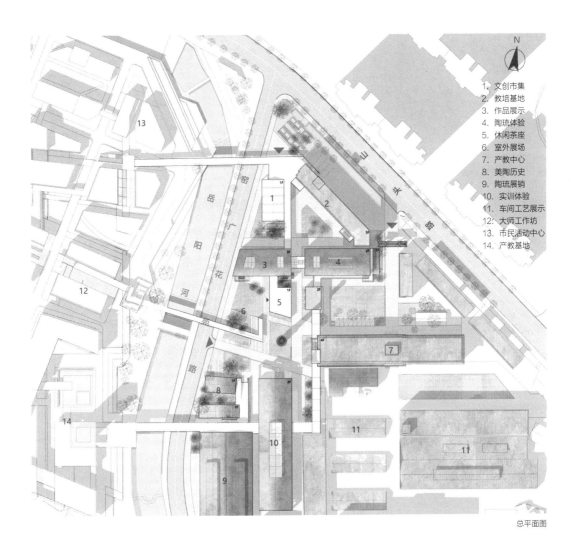

N

1. 文创市集
2. 教培基地
3. 作品展示
4. 陶琉体验
5. 休闲茶座
6. 室外展场
7. 产教中心
8. 美陶历史
9. 陶琉展销
10. 实训体验
11. 车间工艺展示
12. 大师工作坊
13. 市民活动中心
14. 产教基地

总平面图

旧厂里的帷幕

一个时代的落幕，往往是另一个时代的序幕。

美陶厂昔日工业时代的帷幕已经落下，但太阳总会照常升起，新的序幕也即将揭晓。设计围绕着幕布的意象展开，依托于前期城市设计中贯穿厂区的脉络，于旧厂中升起两面新的帷幕。

帷幕之下，旧建筑作为衬布前的展品，在新与旧之间产生对比与交融。

鸟瞰图

A 点透视

B 点透视

C 点透视

一层平面图

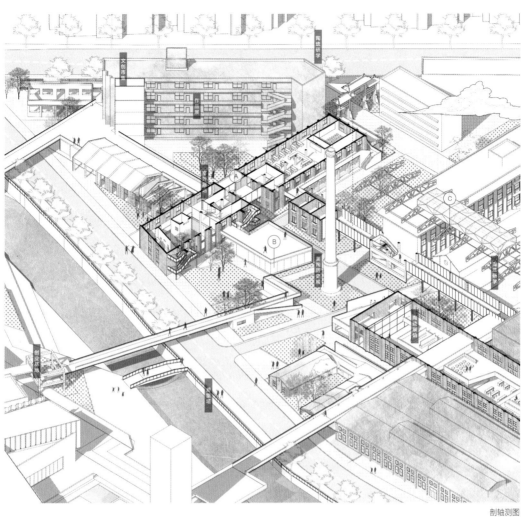

剖轴测图

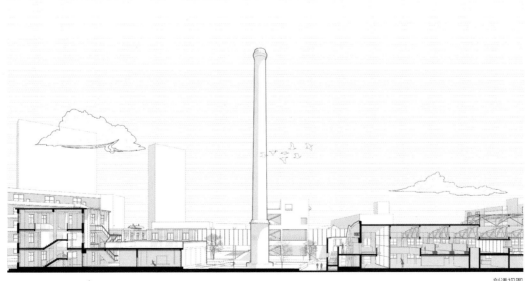

剖透视图

清华大学

TSINGHUA UNIVERSITY

学生团队

1 茶沿观舍

作为游线中的重要交叉节点，设计以谦逊尊重的态度，将当代建筑语汇植入历史古镇之中，使陶琉文化的叙事融入日常生活，重塑公共空间，织补古镇肌理，构建场所精神。

2 陶琉港湾

作为重要的河流转角节点，多层平台的陶琉港湾成为河的一部分，实现陶琉文化、山水格局和城市生活在古镇中的融合。

3 博物陶琉

作为古镇景观由小尺度大师工作室到大尺度自然景观转换的重要节点，新建筑通过地景建筑衔接古镇两侧的高差，成为沟通艺术家与游客、连接古镇与花园的桥梁。

郭子薇

石 腾

沈心云

韩孟臻

指导教师

空间 · 产业 · 文化

先于淄博烧烤出圈，"8+"联合毕业设计在新冠疫情之后，第一时间在博山重启线下联合教学。师生们得以在真实的城市地段开展调研，获得真切的、理性复合着感性的直接印象，面对面地以真身进行设计交流。

颜神古镇的课题，既有其独一无二、天赋异禀的设计机会，也有其代表着最大批量普通面貌旧城区所面临的共同困境。城镇化飞速发展期的历史车轮，因缘际会地与这座明清时代制陶古镇擦身而过，使其物质空间遗存有机会搭乘旧城更新、文旅产业的航船，转身成为高品质的古镇游目的地。这一显而易见的强劲引擎，为本课题的设计研究指明了大致的方向。而课题的主要研究对象，则是毗邻古镇的东南侧旧城片区，具有典型的"无特征"特征，物质空间方面是大量宅基地住宅、老旧多层住宅、中小型企业厂区拼贴叠加在一起，经济文化方面则表现为城市活力不足，地域代表性的陶琉文化难以为继。自然而然地，构建具有辐射性连接的空间结构，引入多人群、多样化的陶琉相关产业，引发产业复兴与升级，进而传承、弘扬地方文化，成为清华团队城市设计与建筑设计的策略。

该课题代表了近期建筑学教育中典型的城市更新问题。它错综复杂地整合了我们所熟悉的物质空间环境层面的规划设计和我们所陌生的产业规划、经济测算等问题。在此，高速城镇化时期清晰划分的"经济测算—产品策划—建筑设计"空间生产流水线显然失去了效力。与该系统相适应的建筑学教育也再次面临着挑战与质疑。不得不承认，作为我们设计结果的"空间结构—产业升级—文化传承"宏大叙事，有风险折载于现实中诸多缠绕在一起的琐碎问题。

城镇化后半期的城市、建筑、生活面临着如此众多的新问题，建筑学再一次站在了十字路口。期待经历了现实真实问题洗礼的新一代建筑师们，能够秉承建筑学广博与包容的学科本质，将危机、困境再次转变为新突破、新发展。

集体照片

城市设计：一石层浪

开发后的颜神古镇北部成为高品质的文旅小镇，但真实生活与陶琉产业却变成了文旅消费的形式符号。南部居民搬迁，原村落生活空间衰败，陶琉文化衰微，传统难以为继，历史街区的保护与传承等问题没有得到根本性的解决。

针对这些问题，城市设计提出一石激起千层浪的总体策略。

一石层浪：以陶琉文化为核心，并推动其他地域文化元素有机融入，发展特色旅游，带动产业升级，以点带面激活片区。

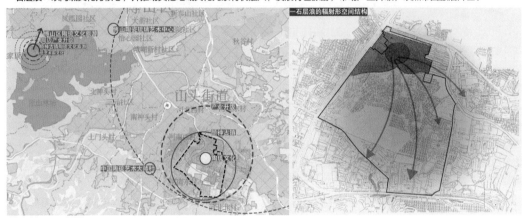

文化为石，带动产业：以齐文化这一宏大的品牌效应为统领，古镇推动陶琉文化和博山地域文化元素有机融入，促进陶琉文化发展。

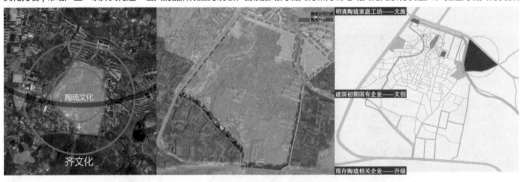

山水入城，共建生态：岳阳河作为孝妇河主源，以古镇内的文化性滨水空间为源，辐射周边生活与产业节点，带动孝妇河流域的文化体验融合和生态和谐共生。

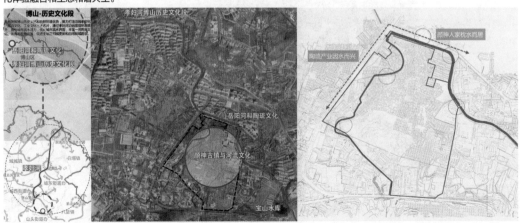

陶琉文化露天博物场

文化落实到人们可感知的城市空间上，在场地内形成陶琉文化露天博物场，以古镇为核心，博物场内的文化叙事以重要历史建筑为起点，往外延伸，从不同维度讲述齐文化和陶琉文化故事，突出博山与颜神古镇独有的精神文化。
在博物场的概念下，围绕文化我们设计了五条游线，它们以古镇北部为中心，辐射性地串联起圈层化的功能分区，像涟漪一样推动南部区域发展。

文化游线：
建立空间结构骨架

市井游乐线
陶琉体验线
未来研学线
历史生活线
民俗文化线

功能分区：
辐射性分区形态

古窑风貌区
文创研发区
陶琉工艺区
商业展览区
研学交流区
会展度假区
原有住宅区

陶琉港湾

陶琉驿站

博物陶琉

未来研学线

民俗文化线

历史生活线

陶琉体验线

市井游乐线

城市设计鸟瞰图

茶沿观舍
COURIER STATION IN THE ANCIENT TOWN

设计者：郭子薇
指导教师：韩孟臻
城市研究阶段合作者：石腾　沈心云　李家鑫
学校：清华大学

Designer : Guo Ziwei
Tutor : Han Mengzhen
Team Member in Urban Study : Shi Teng Shen Xinyun Li Jiaxin
School : Tsinghua University

指导教师评语

依据城市设计空间结构，该设计选址位于陶琉工艺展示路径与沿内部河道的市井游乐路径的交叉点，以谦逊而坚定的态度将一组当代建筑植入历史空间之中，织补古镇肌理，重塑公共空间，并意图通过相应的功能策划激发产业升级，传承地方文化。呈品字形布局的节点建筑群，收放有致地限定出蜿蜒的街巷、静谧的庭院和闲适的滨水空间，自然而然地融入古镇风貌，将陶琉文化叙事与城市空间塑造相结合，构建出独特的场所精神。

设计聚焦古镇内部河道与陶琉工艺体验线的交叉节点,植入"茶沿观舍"节点建筑群,以谦逊尊重的态度应对场地,实现当代建筑语汇与场所记忆的融合,在延续历史文脉的原则上讲述新时代的空间叙事,营造"迎水穿巷,穿巷见院"的空间意境。同时以茶文化与茶具为载体,通过日常生活和人的参与传承陶琉文化。设计强调建筑与文化、环境的对话,以期实现古镇复兴,承担社会责任。

场地区位

陶琉茶室：静谧的水院被包裹在不同形式与氛围的茶饮空间中，切角折面屋顶将古镇的时光剪切进茶室。

概念图解

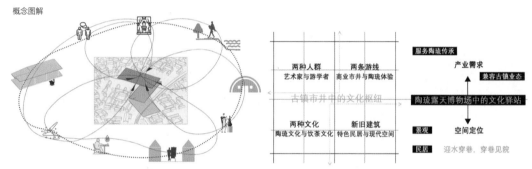

陶琉文化驿站：结合陶琉文化与山东饮茶文化，将陶琉文化的叙事融于日常生活中，使文化不再抽象，而是"可观可品可用"的。驿站提供一个集饮茶观景、展销陶琉茶具于一体的公共场所，使之成为露天博物场中的文化驿站，织补古镇肌理。

形态生成

1. 拆除场地中原有的破坏古镇风貌的旧建筑。

2. 遵从河道两侧民居合院叠加的网格系统。

3. 通过品字形的体量定义出陶琉体验线与市井游乐线，在交叉点设计出枢纽型公共节点。

4. 在高度控制上：体块沿河岸界面及老建筑方向跌落，顺应坡地高差，融入古镇风貌。

5. 引用古镇的合院空间原型，面向河道植入公共草坡，同时在建筑中引入院落，延续古镇格局，并减小建筑尺度。

6. 屋顶形式采用多个折面环绕折叠而成，不同高度的屋面形成切角，面向河岸与院落形成多个景框。

茶具工坊：连续的屋顶，流动的空间最大限度地使人沉浸式地参与到空间与文化的双重体验中。

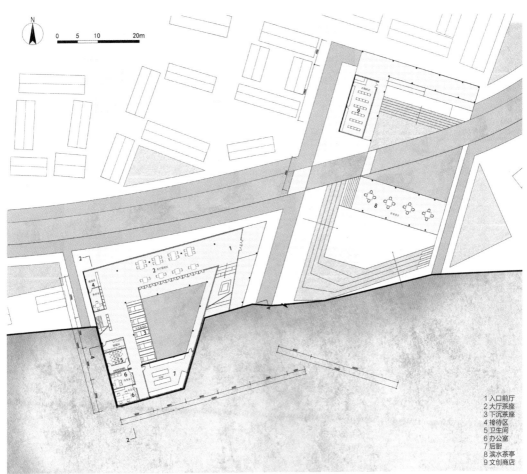

1 入口前厅
2 大厅茶座
3 下沉茶座
4 接待区
5 卫生间
6 办公室
7 后厨
8 滨水茶亭
9 文创商店

一层平面图

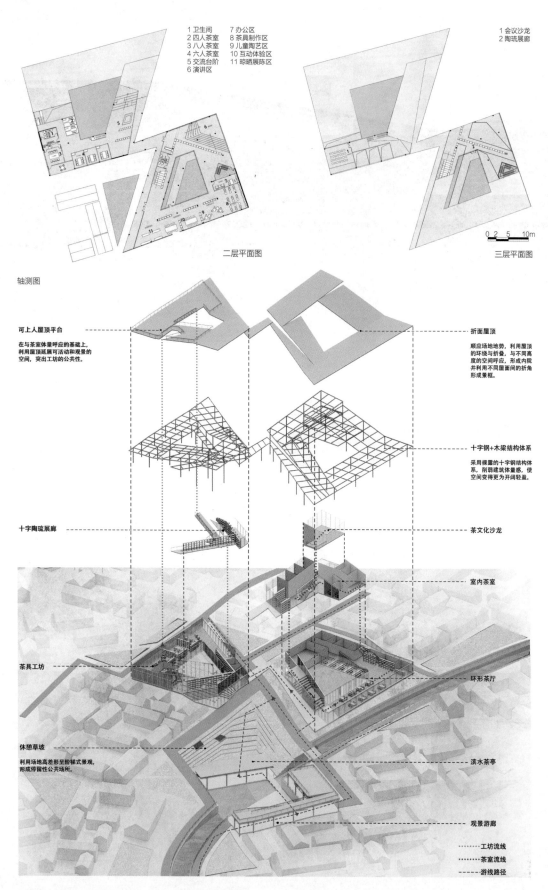

1 卫生间　　7 办公区
2 四人茶室　8 茶具制作区
3 八人茶室　9 儿童陶艺区
4 六人茶室　10 互动体验区
5 交流台阶　11 晾晒展陈区
6 演讲区

1 会议沙龙
2 陶琉展廊

0 2 5 10m

二层平面图

三层平面图

轴测图

可上人屋顶平台

在与茶室体量呼应的基础上，利用屋顶延展可活动和观景的空间，突出工坊的公共性。

折面屋顶

顺应场地地势，利用屋顶的环绕与折叠，与不同高度的空间呼应，形成内院并利用不同屋面间的折角形成景框。

十字钢+木梁结构体系

采用裸露的十字钢结构体系，削弱建筑体量感，使空间变得更为开阔轻盈。

十字陶琉展廊

茶文化沙龙

室内茶室

茶具工坊

环形茶厅

休憩草坡

利用场地高差形呈阶梯式景观，形成停留性公共场所。

滨水茶亭

观景游廊

········· 工坊流线
········· 茶室流线
--------- 游线路径

滨水茶亭使人和环境紧密联系，又将人们引向开阔的公共草坡，通过建筑间的廊道框定游线路径与院落，进而形成游廊－公共草坡、水院、廊道、树院的序列，营造"迎水穿巷，穿巷见院"的空间意境。

大厅茶座紧邻回廊，开敞式的玻璃幕墙怀抱水院。下沉茶座使人仿佛漂浮于水面之上。

Z字形的室外廊道连接了不同功能的建筑体量，同时成为原有民居与院落的景框，融合新旧空间。

陶琉港湾
A WHARF OF CEREMICS

设计者：石腾
指导教师：韩孟臻
城市研究阶段合作者：郭子薇　沈心云　李家鑫
学校：清华大学

Designer : Shi Teng
Tutor : Han Mengzhen
Team Member in Urban Study : Guo Ziwei Shen Xinyun Li Jiaxin
School : Tsinghua University

指导教师评语

延续城市设计阶段"山水入城"的生态更新策略，方案恢复了古镇东北侧岳阳河的自然环境与文化内涵，融于当代的城市生活。建筑选址位于河道转弯节点，以地景建筑手法，延伸交通、休闲的双标高河岸为逐级后退的多层滨水平台空间。建筑由此化身为生态断面上的城市舞台，居民的日常生活、游客的文旅体验、研学者的创作交流，以当代、真实的面貌共同演绎着颜神古镇的陶琉文化与山水格局。

滨水景观带轴测图

为了消除古镇和城市环境之间的阻隔，设计拆除篷河建筑，在河岸形成完整的滨水景观带，将河岸整体重塑，形成"河-亲水平台-草坡-滨河路"的四级层叠的河流景观体系，在局部放大为可以容纳陶琉集市的公共空间节点。

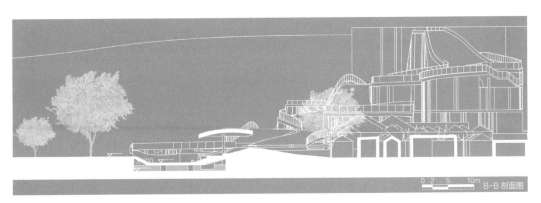

0 2   5   10m
B-B 剖面图

方案生成

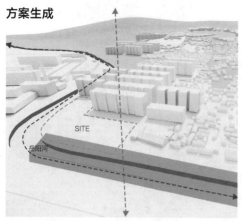

01 岳阳河转角与景观视线通廊交汇处的隔绝

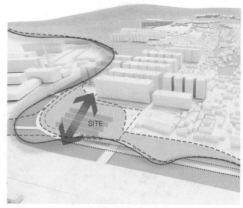

02 陶琉港湾作为滨河景观带上的重要一环

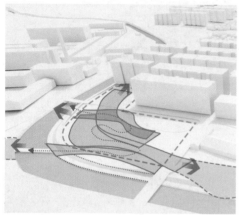

03 建筑以面向河层叠的地景形式与环境融为一体

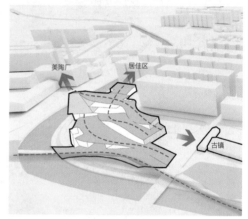

04 屋面起伏应对不同属性和尺度的建筑

作为滨河景观带的重要节点建筑，体量消隐，与河融为一体，南北向采取层层退台的形式，形成层叠的通透立面，面向滨河景观。

鸟瞰图

建筑屋顶为柔和的曲面形式,作为室外公共空间,从亲水平台到建筑屋顶的层层平台,与河融为一体。

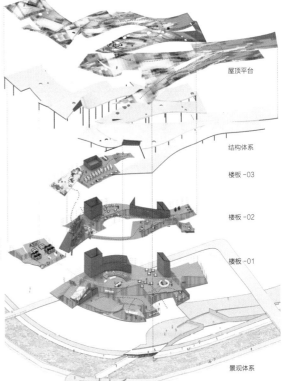

屋顶平台

结构体系

楼板-03

楼板-02

在材质选用上,为了将陶琉文化和博山的地域文化以更自然的方式融入社区文化中心中,设计将"中华龙"瓷器的图片像素化,以马赛克陶板的形式铺在建筑屋顶,形成活跃的社区空间。

楼板-01

景观体系

流线分析图

人们使用陶琉餐具品尝博山特色美食，看到社区厨房内居民做菜的热闹场景。

社区食堂透视图

二层楼板向下延伸的坡道和一层向上盘旋的楼梯之间，极具包裹感的螺旋向心的空间。

社区厨房透视图

图书阅览和亲子阅读空间成为建立社区凝聚力的活力空间。

图书阅览透视图

打通景观视线通廊，围绕书架为盘旋上升的楼梯和在不同高度均有良好视野的平台。

观景台透视图

1 陶琉用具展览和
　美食集市
2 健身房
3 淋浴间
4 服务
5 咖啡厅
6 咖啡厅外摆
7 设备
8 观景台

二层平面图

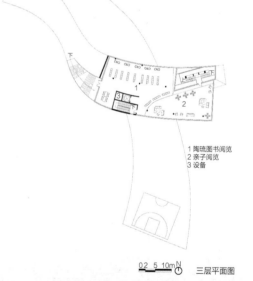

1 陶琉图书阅览
2 亲子阅览
3 设备

0 2 5 10m N

三层平面图

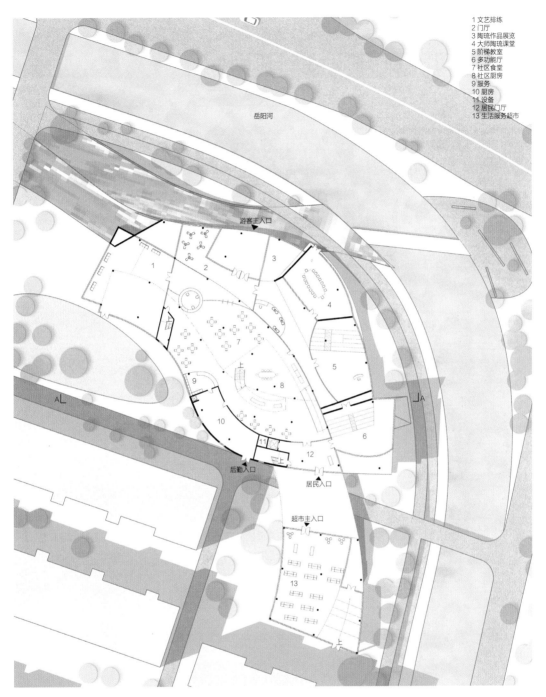

1 文艺排练
2 门厅
3 陶琉作品展览
4 大师陶琉课堂
5 阶梯教室
6 多功能厅
7 社区食堂
8 社区厨房
9 服务
10 厨房
11 设备
12 居民门厅
13 生活服务超市

岳阳河

游客主入口

A

A

后勤入口

居民入口

超市主入口

0 2 5 10m N 一层平面图

0 2 5 10m 北立面图

博物陶琉
THE ARTISTRY OF FIRED SPLENDOR

设计者：沈心云
指导教师：韩孟臻
城市研究阶段合作者：郭子薇　石腾　李家鑫
学校：清华大学

Designer：Shen Xinyun
Tutor：Han Mengzhen
Team Member in Urban Study：Guo Ziwei　Shi Teng　Li Jiaxin
School：Tsinghua University

指导教师评语

设计选址位于城市设计中陶琉文化展示路径的尽端，连接、过渡古镇边缘的空间肌理与大尺度山体绿地成为设计所需解决的关键问题。该方案采用地景设计策略，以逐级后退的体量、柔化且隐喻了陶琉视觉符号的幕墙界面、在建筑的室内室外分别建立起古镇街巷空间与山体顶部绿地之间的连接路径。在功能规划方面，建筑通过集合、并列的方式展示地方陶琉工艺大师的作品，与所规划的大师工作坊街区相互配合，表现出作者对于复兴陶琉手工艺文化的追求。

整体鸟瞰图

地段分析图

地段选址

基于前期的路网规划，地段选址在了规划中陶琉体验线的末端。此处陶琉体验线有一个较大的拐角，并且与地段内现存的花园接壤。因此，建筑需要起到引导视线的作用，将游客们继续引导向规划内区域。场地内花园与建筑有高达 11m 的高差，这个高差也将成为建筑设计考虑的主要因素。

古镇夜晚透视图

传承与融合：陶琉文化线

2022 年，淄博有 36 人获评山东省工艺美术大师，为山东省第一。沿着规划的陶琉文化线，我们为陶琉工艺大师设计了各自的工作室，并用在陶琉文化线的收尾，我们设计了陶琉博物馆为游客提供一个汇集式的总览，也为陶琉艺术家们提供一个展示、交流各自作品和心得的空间。

沿着陶琉体验线，建筑从封闭的大师工作室逐渐转变为具有强烈公共性质的博物馆，景观则从古镇人文景观过渡到大尺度山体的自然景观和风貌。基于这些特点，本设计通过地景建筑的形式来连接这一系列节点、高差和尺度的变化。

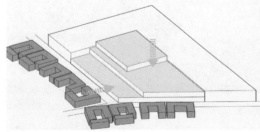

运用层层退台的地景建筑形式解决高差

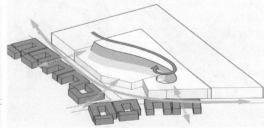

为了呼应琉璃的形态，做了巨大的曲面玻璃穿插

建筑强调其"桥梁"的作用，室内外形成通畅的流线

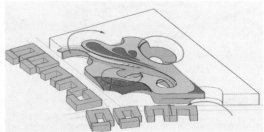

通过庭院的穿插，与周围融为一体

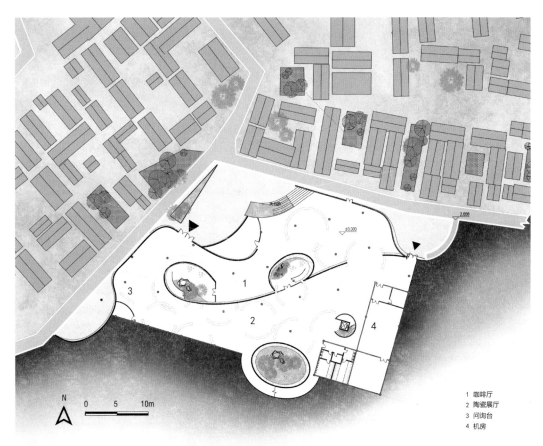

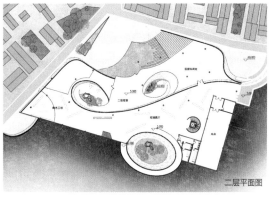

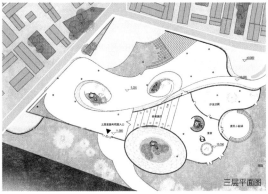

1 咖啡厅
2 陶瓷展厅
3 问询台
4 机房

N
0   5   10m

首层平面图

二层平面图

三层平面图

博物馆：融入路径

场地内高差如天然屏障，隔绝了古镇
与花园。建筑不再是容器，而成为沟
通场地、沟通游客与艺术家的"桥
梁"。建筑之于道路是建筑，而之于
古镇，又成为道路本身。

据此，建筑沿着几个庭院盘旋而上，
成为道路的延伸。建筑以"陶"为统
一的设计语言，拆解了陶器的形态，
形成了建筑中五个大大小小的庭院。
同时一条巨大的琉璃曲面贯穿始终，
模糊了建筑"内"与"外"的边界。
在琉璃曲面上间或镶嵌的陶片，则为
建筑内部提供丰富多彩的光照环境。
同时依据前期的道路设计，建筑的西
侧和北侧均为机动车道，为博物馆提
供了妥善的展品储藏和运输通道。

主入口：建筑形成山峦形态，与博山相互呼应

庭院透视：庭院引导光线进入空间，游客可以从庭院的廊道直接进入屋顶花园

大师陶琉课堂：定期邀请陶琉大师开办讲座普及陶琉文化知识

陶琉之势：形态与庭院

为了呼应围绕博山的美丽山峰，博物馆在视点形成了山峦交错的形态。
博物馆一共三层，其中一二层给陶琉艺术家提供了汇集式展览的空间，三层则以教育和沙龙为主，设有室外的小舞台和艺术家沙龙室。

南北剖面图

三层入口部分人视点透视图。建筑三层由于屋顶斜面，地面也做了一个小型阶梯，通过阶梯将游客从展览空间引入休闲空间。

博物馆内部的展览空间。似水似琉璃的天花板包裹着圆形组团的展架空间，限制出一个个艺术家们聚合而又凸显个人特征的展览空间。

琉璃之影：光影与空间

由于建筑设计的主体是模仿陶片形态的非直纹曲面，采用直线龙骨建造玻璃幕墙不再可能。在这种情况下，拟采用三角幕墙进行非直纹曲面的拟合。五色陶片与透明玻璃交替镶嵌在三角网架上，通过控制陶片与玻璃的比例来控制建筑内不同功能空间的受光量。在建筑的展览空间，陶片的占比会比较大，让展览空间能够更多采用人工光线照明而非自然光线，方便控制展览空间的亮度，以及防止损坏一些脆弱的陶瓷展品。

展览的设计旨在强调每位艺术家的独立性，同时创造出互相交融的氛围。通过巧妙地运用展架、空间分隔和景观元素，展示区域与休息区域相互连接，营造出一个丰富多样的艺术体验空间。

东西剖面图

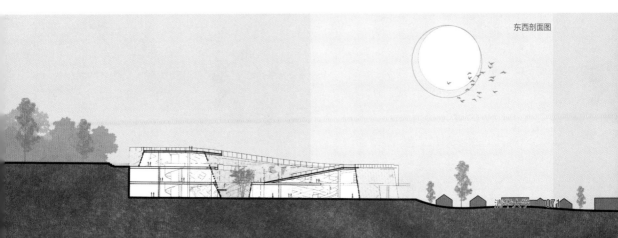

东南大学
SOUTHEAST UNIVERSITY

东南大学

1 从文旅
向生活

着眼于城市与景区的消极关系，进行以"交流环"为核心概念的城市设计，从空间、事件、人群三个维度促进景城交流。个人单体建筑为环上节点的其中四个。

胡惟一

高 兴

松山健

邵唯一

夏 兵

指导教师

教师寄语

中国城市化率已接近 70%，城市化正在向精致化、内涵化的方向发展。淄博颜神古镇作为淄博陶琉文化的物质载体，通过有序、多元的活化利用，扮演了继承、宣传淄博陶琉文化的角色。同时，作为社会投资的旅游地产项目，在实现项目成功的同时如何促成颜神古镇景区对城市活力的持久激发和促进，是东南大学建筑学院团队关心的问题。

通过实地调研走访以及区域性的城市研究，团队聚焦颜神古镇与城市的"边界"空间，试图通过对古镇边缘的"柔性"设计改造，探讨旅游地产与所在区域之间的动态博弈与良性互动。针对古镇边缘内外隔离、活力缺失的现实问题，团队提出打造边缘"活力环"，以点带线，以线带面的区域性城市设计概念。四位同学分别以"旋转天桥""美食广场""垂直旅居""青年码头"为功能载体，采用轻型、可移动结构的建造方式代替永久、固定的传统建筑方法，巧妙利用城市"消极空间"，为博山区和颜神古镇创造了一系列具有创新性，能够吸引青年群体的公共空间和建筑。

东南大学建筑学院团队的方案提供了一种更为灵活的弹性介入的城市更新模式，通过独特的视角和新颖的方式探索了商业旅游地产项目与城市共赢共生的可能。

集体照片

概念性城市设计——从文旅向生活
CONCEPTUAL URBAN DESIGN：
BETWEEN THE SCENIC SPOT AND THE CITY

设计者：胡惟一　高兴（加）　松山健（日）　邵唯一
指导教师：夏兵
学校：东南大学

Designer：Hu Weiyi　Karen Wang(CAN)　Ken Matsuyama(JPN)　Shao Weiyi
Tutor：Xia Bing
School：Southeast University

城市设计

设计说明：

小组以现状中景区与城市的不良关系为主要切入点，提出了重塑景区边界，
使其实现部分的、程度不同的开放的总体策略，使"交流环"成为激发场地
活力、促进不同人群交流的场所。根据对场地现状中的建筑分析、道路分
析、绿化水系分析等，形成了以"一环一带四区"为主要结构的概念性城市
设计。

进一步地，根据"交流环"所处不同地段的不同条件，以不同的设计策略进
行回应。并在"交流环"上设置了七个节点，作为局部开放的、促进交流的
场所。个人的单体建筑作为其中的四个，针对沿河地段进行了提升塑造。

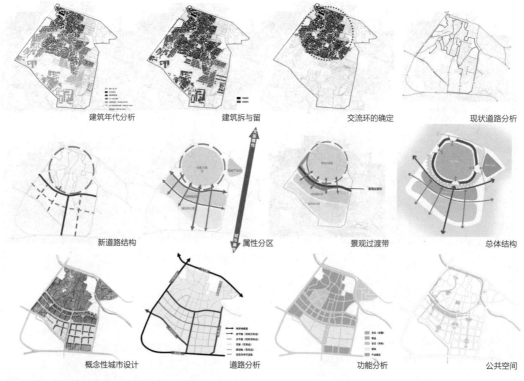

建筑年代分析　　　建筑拆与留　　　交流环的确定　　　现状道路分析

新道路结构　　　属性分区　　　景观过渡带　　　总体结构

概念性城市设计　　　道路分析　　　功能分析　　　公共空间

局部意向

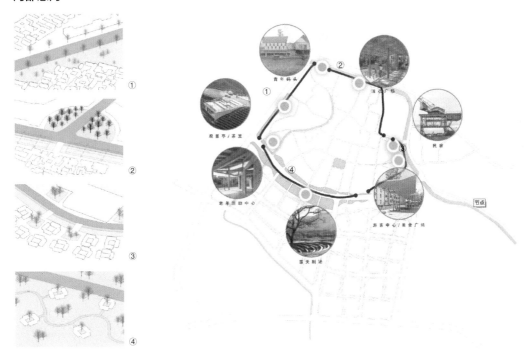

策划方案

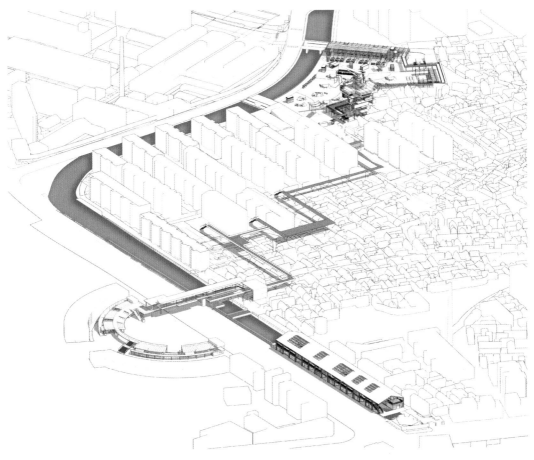

景城闸门——城市乐活空间
GATE BETWEEN SCENIC SPOT AND CITY

设计者：胡惟一
指导教师：夏兵
城市研究阶段合作者：高兴（加） 松山健（日） 邵唯一
学校：东南大学

Designer : Hu Weiyi
Tutor : Xia Bing
Team Member in Urban Study : Karen Wang(CAN) Ken Matsuyama(JPN) Shao Weiyi
School : Southeast University

指导教师评语

总体评价：

该设计以颜神古镇更新为题，通过现场调研访谈和资料梳理，凝练现实问题，并以小组为单位提出概念性城市更新策略。在此基础上，该设计聚焦重点门户地块，采用轻型、可移动结构的建造方式，对城市低效空间进行赋能，从而达到重塑城市空间，激发城市活力的更新目标。该毕业设计选题具有广泛的社会价值和实践意义，目标明确，调研翔实，逻辑清晰，方法得当，工作量饱满，成果新颖，是一个优秀的本科毕业设计。

主要创新点：

1. 针灸式的策略激活城市边缘地带，具有很强的在地性和实践价值；
2. 轻型可变结构的介入，具有面向未来的建筑空间使用的适应性和可变性，具有一定的理论和实践探索性。

传统景城关系——空间　　　　　　　　事件　　　　　　　人群

"乐活"视角下的新景城关系

承接"改善景城关系"的小组概念，通过创造灵活丰富的乐活空间，以人的活动为载体，重新链接城市空间与景区空间 / 文旅行为与日常行为 / 本地居民与外地游客。

基地选址

景区

玻璃工作室店主　　　　　　跟团游客　　　　　　　古镇保安　　　　　　　外地散客

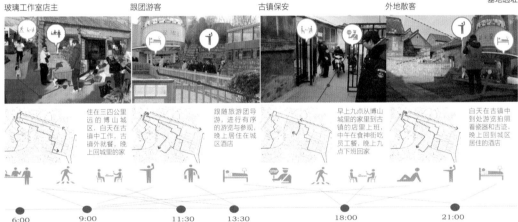

住在三四公里远的博山城区，白天在古镇中工作，古镇外就餐，晚上回城里的家

跟随旅游团导游，进行有序的游览与参观，晚上居住在城区酒店

早上九点从博山城里的家里到古镇的店里上班，中午在食神街吃员工餐，晚上九点下班回家

白天在古镇中到处游览拍照看瓷器和古迹，晚上回到城区居住的酒店

6:00　　9:00　　11:30　　13:30　　18:00　　21:00

景区内人群主要分为工作人员及游客。工作人员白天在古镇中工作，其中部分在中午时外出吃饭，晚上回到城区中的家；游客则主要于白天进行古镇游览，未在古镇住宿的游客于晚上返回城区酒店。

城市

美陶厂陶瓷店店主　　古镇东边小区的居民　　玻璃工作室旁的原住民　　西侧楼房的居民

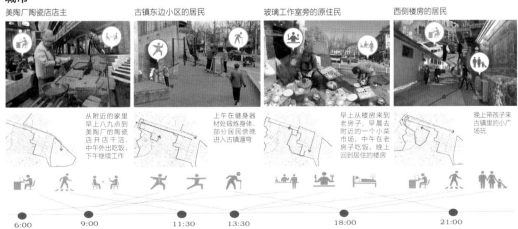

从附近的家里早上八九点到美陶厂的陶瓷店开店干活，中午外出吃饭，下午继续工作

上午在健身器材处锻炼身体，部分居民傍晚进入古镇遛弯

早上从楼房来到老房子，早晨去附近的一个小菜市场，中午在老房子吃饭，晚上回到居住的楼房

晚上带孩子来古镇里的小广场玩

6:00　　9:00　　11:30　　13:30　　18:00　　21:00

本地居民大多清早在市场买菜，上午工作或锻炼身体，中午在古镇外用餐，在古镇外完成主要的日常性活动，晚餐后进入古镇散步。

形体生成

①步行街营造：置入与场地原有弧形商铺相对应的摊位体块，形成两条有围合感的步行街。②在半圆形城市广场上置入屋顶，创造可承担城市生活的使用空间。③将景区主路端头的二层混凝土新建住宅予以拆除重建，作为承担游客人流集散功能的游客中心。④依托游客中心形成观赏休闲性质的滨水空间及可俯观景区的步道。⑤创造景区与城市的连接，使原本彼此独立的城市广场、滨水空间、古镇景区形成相互关联的序列。

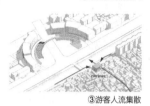

①步行街营造

②市民性功能置入

③游客人流集散

④游览性功能置入

⑤创造景区与城市的连接

可变活动模块

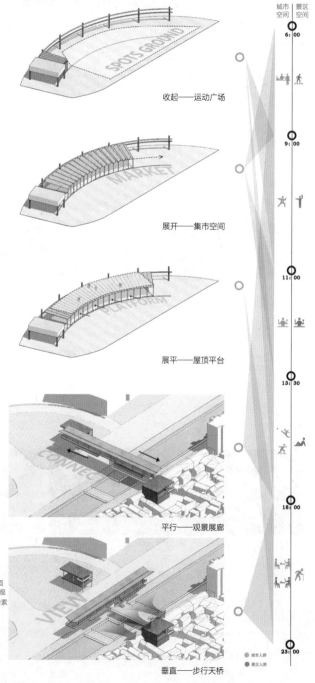

收起——运动广场

展开——集市空间

展平——屋顶平台

平行——观景展廊

垂直——步行天桥

- 80mm 带龙骨钢面板
- 紧固螺栓
- φ100mm 钢管
- 钢滑块
- 内置轨道的凹型钢管

可动顶棚构造大样

横梁分开，顶棚收起　　横梁合上，顶棚展开

- 转体启动顶块　启动千斤顶
- 承台下盘
- 牵引千斤顶
- 牵引反力座
- 千斤顶引力索
- 钢制球面铰
- 承台上盘
- 保险支腿

平转结构

使用场景

乐活生活——状态一（闸门关闭）

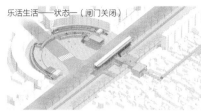

乐活生活——状态二（闸门关闭）

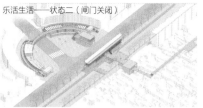

状态：
北侧主要面对城市
人群，南侧主要面
对景区人群

顶棚收起 + 展桥平行（9:30—11:30；14:00—17:00）

顶棚展开 + 展桥平行（6:00—9:00；11:30—14:00）

（状态一）

（状态二）

展廊透视

沿河透视

从古镇廊道看展廊

乐活生活——状态三（闸门打开）

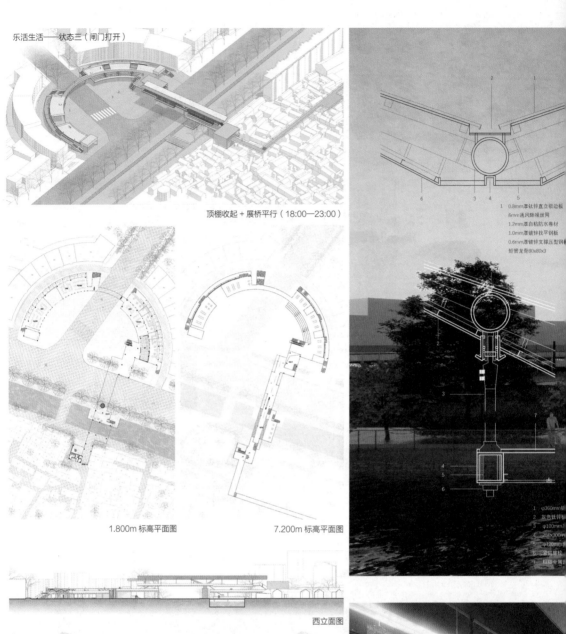

顶棚收起＋展桥平行（18:00—23:00）

1　0.8mm厚钛锌直立锁边板
8mm通风降噪丝网
1.2mm厚自粘防水卷材
1.0mm厚镀锌找平钢板
0.6mm厚镀锌支撑压型钢板
短管龙骨80x80x3

1.800m 标高平面图　　　　　　　　7.200m 标高平面图

西立面图

北立面图

A-A 剖面图

不锈钢天沟
φ400mm钢管
可动层板预留槽
50mm木板吊顶
灰色钛锌板

1 0.8mm厚钛锌直立锁边板   2 吊楼板
9mm通风静凝丝网   3 灰色钛锌板
1.2mm厚自粘防水卷材   4 ф150mm钢管
1.6mm厚镀锌找平钢板
0.5mm厚镀锌支撑压型钢板
龙骨龙骨80x30x3

B-B 剖透视图

滨河空间透视

东侧广场透视图

河边的"烟火"
RIVERSIDE CAMPFIRE

设计者：高兴（加）
指导教师：夏兵
城市研究阶段合作者：胡惟一　邵唯一　松山健（日）
学校：东南大学

Designer : Karen Wang(CAN)
Tutor : Xia Bing
Team Member in Urban Study : Hu Weiyi Shao Weiyi Matsuyama Ken(JPN)
School : Southeast University

指导教师评语

总体评价：

该毕业设计选址于淄博市博山区颜神古镇及其周边区域，通过现场调研访谈和资料梳理，以小组为单位提出概念性城市更新策略。在此基础上，该设计聚焦重点门户地块，采用轻型、可移动结构的建造方式，对城市低效空间进行赋能，从而达到重塑城市空间，激发城市活力的更新目标。该毕业设计选题具有广泛的社会价值和实践意义，目标明确，调研翔实，逻辑清晰，方法得当，工作量饱满，成果新颖，是一篇优秀的本科毕业设计。

主要创新点：

1. 功能创新：该设计通过实地调研，凝练现实问题，结合实际情况，提出具有地方性和创造性的功能策划，为激活城市低效空间，提升城市经济活力提供助力。
2. 方式创新：该设计采用轻型、可移动结构的建造方式代替永久、固定的传统建筑方法，为城市更新提供了一种更为灵活的介入模式，为城市景观的丰富性和城市生活的可持续性做出了重要的贡献。

颜神营地——滨河美食广场

颜神，山东省淄博市博山区的古称，位于淄博市西南部，是一座美丽的山城。作为全国唯一的"中华陶琉名城"，也是全国唯一一个同时拥有陶瓷和琉璃双重元素的城市。伴随着城市的发展，大量手工作坊和柴烧古窑逐渐被淘汰，并在城市化建设和环境整治中被逐步拆除，陶瓷产业的职工和家属也随着城市的发展搬进城区。人们慢慢离开，古窑村窑炉的火焰不再炙热，慢慢熄灭。2023年3月，以工业闻名的淄博城却在一夜之间被烧烤的"火"点燃了。此毕业设计课题选址于博山区山头街道的颜神古镇——以古窑集群为特色的传统街区。在历经了岁月的沉淀，古镇逐渐与周边的现代环境脱离，成为一个被封闭的微型造景。本设计致力于化解传统城镇空间风貌与当代生活之间的矛盾，注入露营等鲜活的城市血液，让颜神的"火炉"重新燃烧。

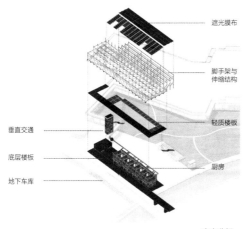

方案分解

总平面图

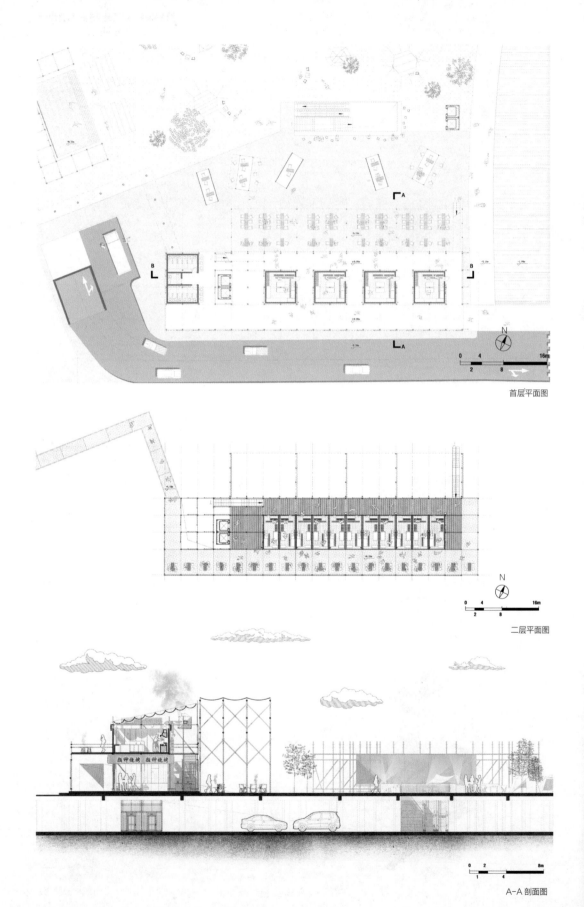

首层平面图

二层平面图

A-A 剖面图

外部透视图

脚手架作为一个可以自由搭建的轻质结构，可以在减少体量感的同时增添活力，尽量减少对于景区自然空间的影响。二层的楼板和顶层的膜布都采用镂空和半透明的材质，使得场地内的视线更加通透，从而引入周围的景区风貌和河道景观。脚手架外的伸缩雨棚作为一个潮汐式使用的轻质架构，可以在一天内自由切换。在白天可以留出广场为居民自由摆摊；在夜晚将烧烤与美食空间外摆，增加容客量。

模型照片

作为可自由拆卸组合的结构，脚手架在场地可以用作一种轻质的架构，布置在需要的功能中。舞台在场地中起到活化空间、改善边界的作用，与脚手架共同营造活力气氛。

厨房作为烧烤和美食空间的主要功能，以单元模块的形式置入脚手架结构内，底层的烧烤厨房模块为餐饮的主要功能，空间大，与地面连接。二层的其他餐饮厨房由轻质的墙板（PC透明实心聚碳酸酯耐力板）搭建，以轻质、便捷和透明为目标，可根据需求拆卸。

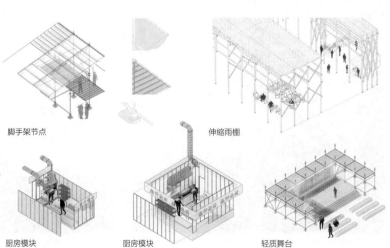

脚手架节点

伸缩雨棚

厨房模块

厨房模块

轻质舞台

效果图

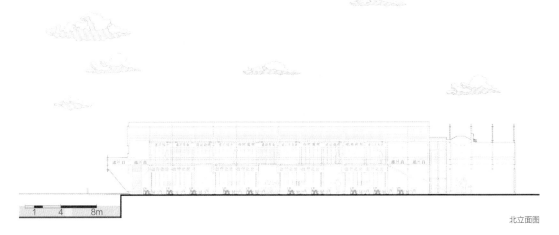

北立面图

起"博"器
"PACEMAKER" FOR BOSHAN

设计者：松山健（日）
指导教师：夏兵
城市研究阶段合作者：高兴（加）　胡惟一　邵唯一
学校：东南大学

Designer : Ken Matsuyama(JPN)
Tutor : Xia Bing
Team Member in Urban Study : Karen Wang(CAN) Hu Weiyi Shao Weiyi
School : Southeast University

指导教师评语

总体评价：

该毕业设计选址于淄博市博山区颜神古镇及其周边区域，通过现场调研访谈和资料梳理，凝练现实问题，并以小组为单位提出概念性城市更新策略。在此基础上，该设计聚焦重点门户地块，采用轻型、可移动结构的建造方式，对城市低效空间进行赋能，从而达到重塑城市空间，激发城市活力的更新目标。该毕业设计选题具有广泛的社会价值和实践意义，目标明确，调研翔实，逻辑清晰，方法得当，工作量饱满，成果新颖，是一篇优秀的本科毕业设计。

主要创新点：

1. 功能创新：该设计通过实地调研，凝练现实问题，结合实际情况，提出具有地方性和创造性的功能策划，为激活城市低效空间，提升城市经济活力提供助力；

2. 方式创新：该设计采用轻型、可移动结构的建造方式代替永久、固定的传统建筑方法，为城市更新提供了一种更为灵活的介入模式，为城市景观的丰富性和城市生活的可持续性做出了重要的贡献；

3. 采用灵活可动的设计方式，为城市更新提供了一种可以变换和暂用的设计模式，是面对不确定因素时建筑设计中新的思路。

后疫情时代下，由于媒体传播的影响，旅游业迎来了爆发式复苏。山东淄博受到广泛关注，"烧烤效应"下导致旅游住宿需求剧增，客流远超当地旅游接待的承载力。如何充分利用现有城市空间并提供多样化的住宿选择成为重要问题。本设计提出一种创新概念，即采用垂直化的轻质旅社居住模式来应对迫切的需求。通过建筑的纵向发展，充分利用激活古镇院落中具潜力的垂直空间。借用标志性的建筑形态，将其打造成颜神古镇的新地标。新陈代谢背景下的模块化设计使旅社房间和设施能灵活配置调整，以适应不同规模和需求，为未来的发展提供可持续的解决方案，予博山区和颜神古镇注入新生。

搭建生成

1. 旧建筑保留　　2. 塔吊及核心筒植入　　3. 服务模块搭建　　4. 集装箱承载模块搭建　　5. 房间与房车营地置入　　6. 流线组织

构件模块

塔吊

集装箱承载框架

普通模块

绿地模块

房车水电补给模块

种植模块

20 英尺 阅览室

20 英尺 艺术工作室

20 英尺 客房

40 英尺 客房

设备系统

主管线：电、上水、下水

分支管线

核心筒

模块承载框架

集装箱承载框架

框架节点

2mm 瓦楞顶板
2mm 垫板
50mm 喷涂聚氨酯硬泡
9.5mm 石膏板

9.5mm 石膏板
50mm 喷涂聚氨酯硬泡
2mm 垫板
2mm 瓦楞钢板

28mm 原装木板
4mm 橡胶垫板
120mm 喷涂聚氨酯硬泡
120mm×45mm×4mm C 型槽钢
2mm 金属板

周期性

框架及集装箱
吊装场

西立面图

日常性

陶琉艺术广场与
后备箱集市

五层平面图

青年码头
YOUTH PIER

设计者：邵唯一
指导教师：夏兵
城市研究阶段合作者：胡惟一　高兴（加）　松山健（日）
学校：东南大学

Designer : Shao Weiyi
Tutor : Xia Bing
Team Member in Urban Study : Hu Weiyi Karen Wang(CAN) Ken Matsuyama(JPN)
School : Southeast University

指导教师评语

该毕业设计选址于淄博市博山区颜神古镇及其周边区域，通过现场调研访谈和资料梳理，凝练现实问题，并以小组为单位提出概念性城市更新策略。在此基础上，该设计聚焦重点门户地块，采用轻型、可移动结构的建造方式，对城市低效空间进行赋能，从而达到重塑城市空间，激发城市活力的更新目标。

该毕业设计选题具有广泛的社会价值和实践意义，目标明确，调研详实，逻辑清晰，方法得当，工作量饱满，成果新颖，是一篇高水平的本科毕业设计。设计在功能策划和结构上颇具匠心，利用集装箱单元在底层重新塑造了场地原有的零售商业，在靠近景区的部分重新整合了场地原有的陶琉市场，延续场地原有的集市功能，二层以上增加配套的工作室和餐厅。结构上采用钢桁架结构，建筑空间吊挂在主体结构上，避免结构影响河道空间，把对场地的影响降到最小。

西立面透视图

本设计的选址位于基地西北角入口处，沿山头路向东延伸，处于孝妇河之上。这块场地作为交流环上的一号节点，处于整个基地的门户位置，起到迎接游客、提供交流活动场所的作用。整个基地面积约为 2800m²，覆盖整个孝妇河面，从景区西北角的入口延伸到景区道路端头的小门处。

目前，这块场地仍然存在不少问题。首先是空间问题。沿街的小建筑过于密集，建筑之间缺少空隙，切断景区和城市的联系和交流。孝妇河几乎全部位于建筑之下，掩盖城市原有的河流景观，也导致治理难度较大，河流污染严重。其次是业态问题。沿街的小型零售商业较为零散，部分商店侵占人行道的空间，给行人带来不便；场地原有的陶瓷市场位于沿街商业内侧，仅有东西两侧端头的出入口，可达性较差；建筑年久失修，环境较差；市场内部缺少对摊位的明确划分，缺乏管理。

但是，这块场地具有一些得天独厚的优势。场地处于颜神古镇景区的门户位置，客流量大，又是人群来往的交汇处，且周边公共交通站点众多，交通条件良好，周边人群能够方便地到此活动。场地处于孝妇河之上，拥有良好的河道景观资源，可以与建筑产生互动，形成供人休憩玩乐的亲水空间。

选址

场地问题分析

沿街透视图

室内透视图

建筑功能策划为青年码头，即综合陶琉文化和日常活动的创意集市。通过在古镇的门户位置设置青年码头，为游客和当地居民提供开放包容的活动场所，引入包括美食餐饮、潮玩游乐、文创艺术、特色演艺等活动内容，打破景区和城市间的交流壁垒，为古镇重新注入活力。

底层沿街部分利用集装箱单元重新塑造了场地原有的零售商业，引入更具活力的功能，包括酒吧、便利店和小吃店。二层的功能布置从景区入口开始的依次为展厅、培训中心、工作室，功能由开放到封闭，服务对象从游客过渡到当地的陶琉工人。

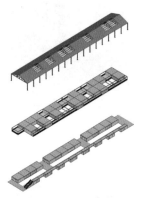

轴测分解图

建筑的主体结构为横跨孝妇河的钢桁架结构，建筑空间结构吊挂在主体结构上，可以避免建筑结构侵占河道空间，不影响河流的泄洪功能。

陶琉市场轴测图

陶琉市场透视图

陶琉市场延续场地原有的集市功能，并进行重新整合，促进陶琉生产的发展，扩大陶琉商品的流通，活跃颜神古镇的经济，便利群众的生活。

展厅轴测图

展厅透视图

展厅用于展览各种陶琉工艺品，宣传颜神古镇的陶琉文化，促进游客和当地居民的交流，同时能通过刺激游客消费来一定程度地带动当地陶琉产业的发展。

酒吧单元轴测图

酒吧单元立面图

酒吧可以承担起社交功能，同时也是人们在工作之余用来消遣和放松的好地方。

便利店单元轴测图

便利店单元立面图

便利店的功能已经不再局限于"便民"，其社交属性的开发，能够让网红单品带动其他产品的售卖。

小吃店单元轴测图

小吃店单元立面图

美食社交，不仅是食客之间交流的一种方式，也是餐饮企业推广自己的免费渠道。

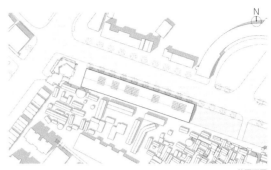

总平面图

首层平面图

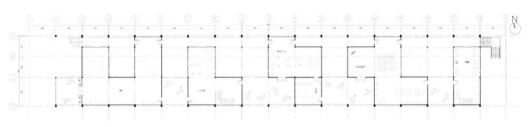

二层平面图

A-A 剖面图

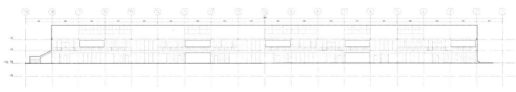

北立面图

天 津 大 学
TIANJIN UNIVERSITY

天津大学

1 颜格沃茨

提出延续古镇历史文脉，推广、传承物质与非物质文化遗产的更新开发策略，以期达成古镇业态转型、空间再生的目标。

2 三幅面孔

从农业、商业、工业关系入手，构建多产业赋能的新型旅游业发展，关注新秩序与旧秩序之间的张力与碰撞。

3 异形

提出一种线性的城市设计方法，将区域重要空间节点进行串联，通过具有挑战性与批判性的更新策略激活整个区域。

黎原源

赵辰辰

谢佳豪

李昱霏

马琪芮

郑 祺

郑鑫嚣

姜一洲

黄昱铭

邹 颖

辛善超

古镇的面具

古希腊酒神狄俄尼索斯戴着面具出现在各种场所，面具不断地变换，以不同的面貌展现其中，人们也不断期待着与其下一次相遇的空间场景。而淄博颜神古镇恰恰具有酒神的特征，无论是改造完成的古镇社区，抑或尚未开发的传统民居，以及式微衰落的美陶工厂、极具乡土气息的农田果园……时代的演变与发展赋予整个片区不同的面具表情，而面具下则是场所背后的社会、经济、生活方式的调整与融合。场地令人激动，作为城市更新的典型案例，其相对冲突性的地域基因为设计带来一定的挑战。设计反对漠视地域基因，使其个性沦丧，对之施暴，人们常常以微介入的手段介入空间设计，但并非都千篇一律，而是需要深度思考，对地域基因应以批判的眼光客观审视，哪些是需要传承的优秀基因，哪些是不良的基因，进而建立一套诗意的导则，与场地环境息息相关，与时间空间紧密相连，用演绎和调理的方式化解混乱。

天津大学三组方案从三个方向出发，既有缜密细微的更新设计，即通过合理的路径引导与有趣的故事设定展开改造；又涵盖产业层面的思考，针对场地中农业、工业、商业相互割裂的现状，利用互动装置加强三者的联系，以产业引导设计；同时也有一种具有挑战性与批判性的更新策略，通过夸张的设计激活整个区域。无论手轻、手重，均基于对该片区的历史沿革、城市文脉、空间演变、建筑形态、功能配置、业态分布、人口构成等进行详尽的资料收集与现场调研的基础上，提出一种具有挑战性与批判性的更新策略。丰富古镇的面具，并非陷入确定性思维认知的误区，习惯于用自身的形象与想象去幻想古镇的形态，而是通过对场地的热爱与诗意的处理，诱发场地中深藏的潜质与灵活，与之产生共鸣，因为它就在那里。

集体照片

日晷——瞬时与永恒
LIGHT DIAL——INSTANTANEOUS AND ETERNAL

设计者：马琪芮
指导教师：邹颖　辛善超
城市研究阶段合作者：赵辰辰　姜一洲
学校：天津大学

Designer : Ma Qirui
Tutor : Zou Ying Xin Shanchao
Team Member in Urban Study : Zhao Chenchen Jiang Yizhou
School : Tianjin University

指导教师评语

设计针对场地中农业、工业、商业相互割裂的现状，意欲从产业布局入手实现颜神古镇的区域振兴，利用产业上下游产业的功能互补性，构建多产业赋能的新型旅游业发展。基于城市设计成果，建筑单体设计选取古镇东侧美术陶瓷厂片区进行深化设计，并尝试用一种强秩序置入的设计策略激活原本衰败的美陶工厂，探讨光影的瞬时性与建筑的永恒性之间的关系，关注新秩序与旧秩序之间的张力与碰撞，以此为契机营造美陶厂兼具有诗意性、趣味性的场所空间，进而实现片区的更新与提升。建筑在全年日照环境下捕捉一年四季一天四时的不同光影，探讨在不同时间节点日照角度、光照方向与空间的关系，甚至在一日内的不同节点都有特殊的光影效果，同时联系实际人群的日常活动，用建筑赋能原有产业和新植入的旅游业。建筑设计及其表达仿佛回到了约翰·海杜克领导下的库珀联盟时代，建筑表现力求刻画"光影"的效果，用素描表达的方式使设计基本图纸传递对于设计概念与意图的思索。

城市设计

古镇在外围呈现三个面孔，分别是工业生产，商业贸易，及自然资源。三种面孔在空间上与城市关系割裂，与古镇的联系也较弱；在时间上，一年之内也有不同的变化节律。而现阶段他们呈现的共性问题就是发展状况较差且与古镇关联不大。为了更具在地性地利用场地现有资源，我们以三块场地中的时空变化作为切入点，以此作为建筑单体设计的依据。为了促进本土产业与游人的互动，我们设计了水上集市、工厂舞台、城市花田三种建筑空间类型，试图弥合业态与业态的关系，业态与古镇的关系，以及业态与游客的关系。

我们以三块场地中的时空变化作为切入点，利用现有业态，作为城市设计和建筑单体设计的依据，完善了场地边界和城市与古镇的割裂关系。在不同的阶段下，水上集市、工厂舞台、城市花田三种空间类型，不断向内蔓延与古镇接壤，试图弥合业态与业态的关系，业态与古镇的关系，以及与游客的关系。

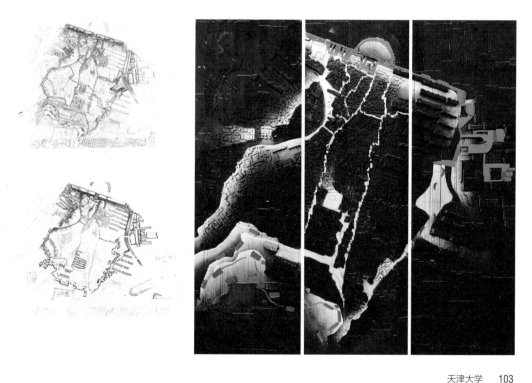

概念

建筑如同古埃及匠人雕琢下的阿布辛贝神庙,在淄博(北纬35°,东经118°)独特的全年日照环境下捕捉一年四季一天四时的不同光影。以此作为片区空间设计的核心概念。清晨第一缕阳光射入通高的美陶展厅,穿过烟囱留下长长的光影扫过颜色纪念堂,上午8点半伴随流水线工人工作的节律射入光影工厂长长的甬道,随着10点艺术家在工作室辛勤创作的灵感迸发,阳光穿过窗户与烟囱连成一线。下午2点炎热的阳光透过厚厚的墙体射入美陶博物馆,精美又绚烂的陶器在对称的博物馆中轴线上熠熠生辉。

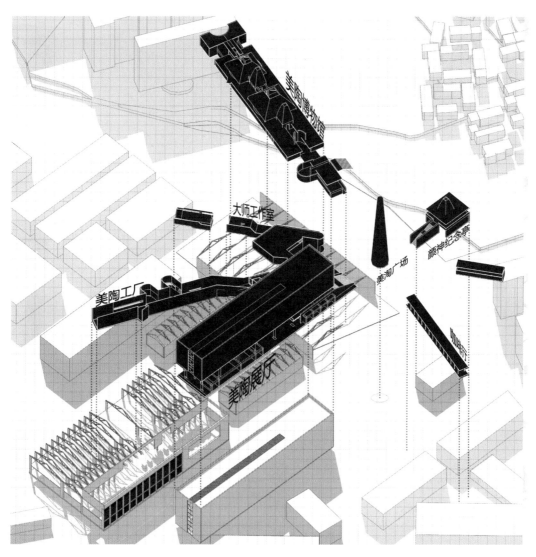

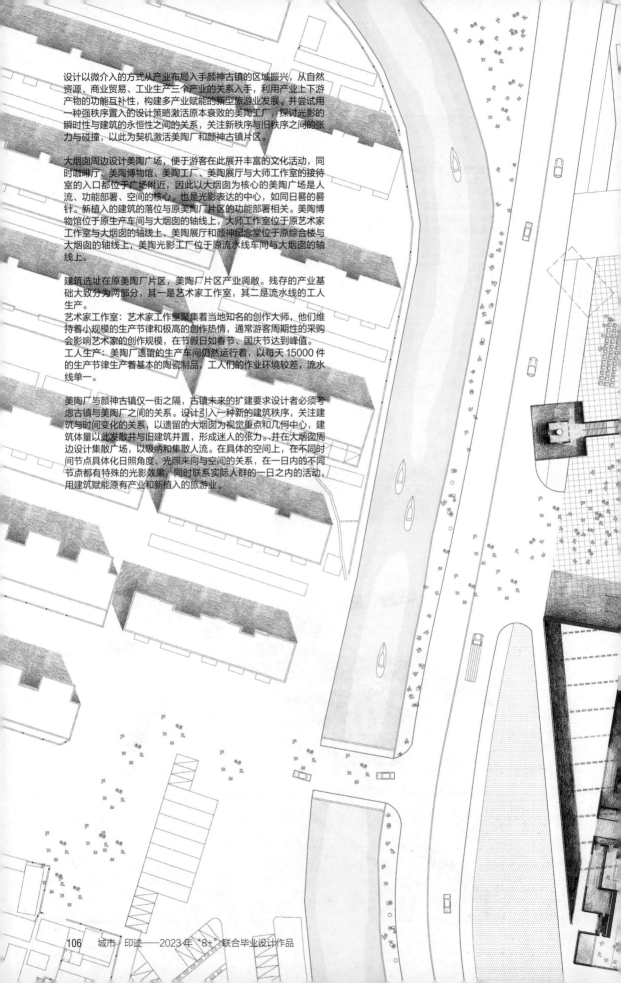

设计以微介入的方式从产业布局入手颜神古镇的区域振兴，从自然资源、商业贸易、工业生产三个产业的关系入手，利用产业上下游产物的功能互补性，构建多产业赋能的新型旅游业发展。并尝试用一种强秩序置入的设计策略激活原本衰败的美陶工厂，探讨光影的瞬时性与建筑的永恒性之间的关系，关注新秩序与旧秩序之间的张力与碰撞，以此为契机激活美陶厂和颜神古镇片区。

大烟囱周边设计美陶广场，便于游客在此展开丰富的文化活动，同时咖啡厅、美陶博物馆、美陶工厂、美陶展厅与大师工作室的接待室的入口都位于广场附近，因此以大烟囱为核心的美陶广场是人流、功能部署、空间的核心，也是光影表达的中心，如同日晷的晷针。新植入的建筑的落位与原美陶厂片区的功能部署相关。美陶博物馆位于原生产车间与大烟囱的轴线上，大师工作室位于原艺术家工作室与大烟囱的轴线上，美陶展厅和颜神纪念堂位于原综合楼与大烟囱的轴线上，美陶光影工厂位于原流水线车间与大烟囱的轴线上。

建筑选址在原美陶厂片区，美陶厂片区产业凋敞。残存的产业基础大致分为两部分，其一是艺术家工作室，其二是流水线的工人生产。
艺术家工作室：艺术家工作室聚集着当地知名的创作大师，他们维持着小规模的生产节律和极高的创作热情，通常游客周期性的采购会影响艺术家的创作规模，在节假日如春节、国庆日达到峰值。
工人生产：美陶厂遗留的生产车间仍然运行着，以每天15000件的生产节律生产着基本的陶瓷制品，工人们的作业环境较差，流水线单一。

美陶厂与颜神古镇仅一街之隔，古镇未来的扩建要求设计者必须考虑古镇与美陶厂之间的关系。设计引入一种新的建筑秩序，关注建筑与时间变化的关系，以遗留的大烟囱为视觉重点和几何中心，建筑体量以此发散并与旧建筑并置，形成迷人的张力。并在大烟囱周边设计集散广场，以吸纳和集散人流。在具体的空间上，在不同时间节点具体化日照角度，光照来向与空间的关系，在一日内的不同节点都有特殊的光影效果，同时联系实际人群的一日之内的活动，用建筑赋能原有产业和新植入的旅游业。

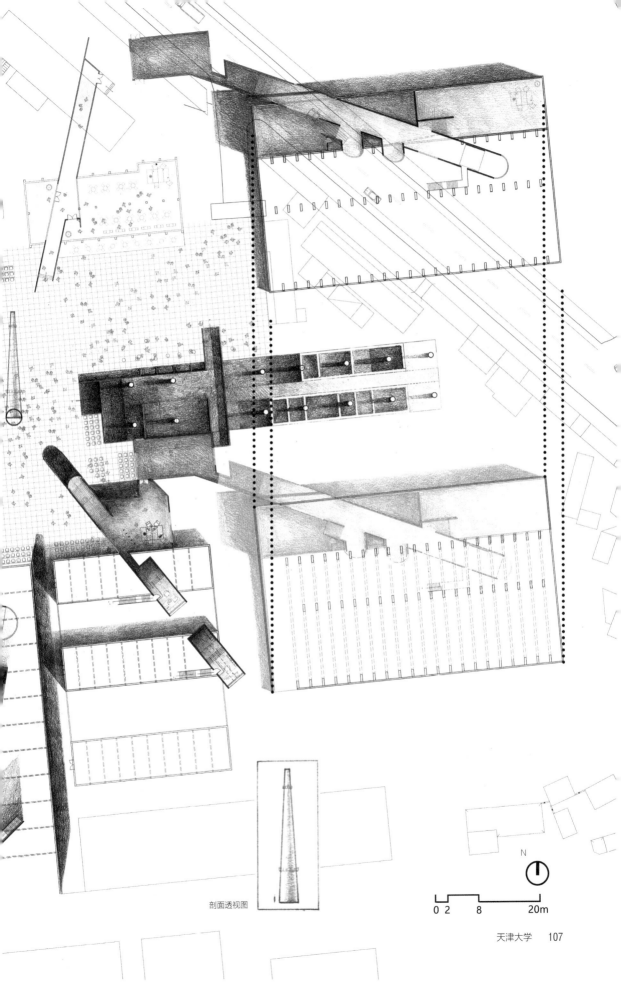

剖面透视图

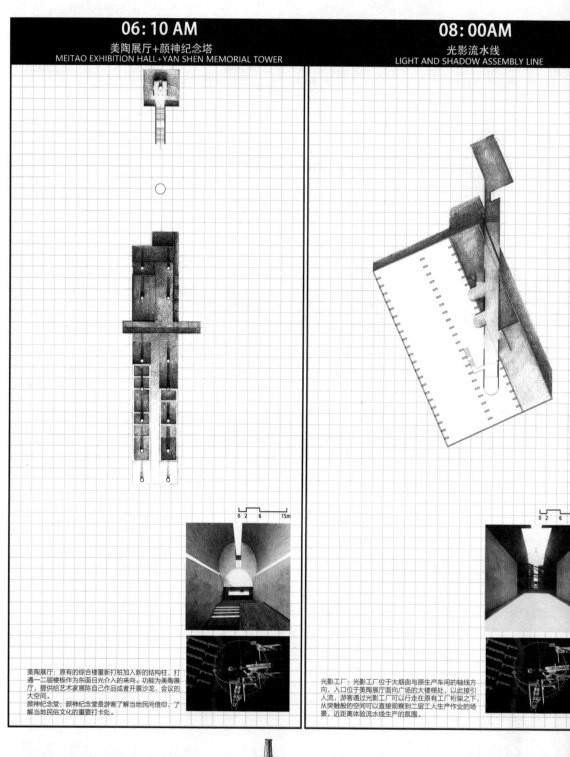

06: 10 AM
美陶展厅+颜神纪念塔
MEITAO EXHIBITION HALL+YAN SHEN MEMORIAL TOWER

08: 00AM
光影流水线
LIGHT AND SHADOW ASSEMBLY LINE

0 2   6   15m

0 2   6

美陶展厅：原有的综合楼重新打桩加入新的结构柱，打通一二层楼板作为东面日光介入的来向，功能为美陶展厅，提供给艺术家展陈自己作品或者开展沙龙、会议的大空间。

颜神纪念堂：颜神纪念堂是游客了解当地民间信仰、了解当地民俗文化的重要打卡处。

光影工厂：光影工厂位于大烟囱与原生产车间的轴线方向，入口位于美陶展厅面向广场的大楼梯处，以此接引人流，游客通过光影工厂可以行走在原有工厂桁架之下，从突触般的空间可以直接观察到二层工人生产作业的场景，近距离体验流水线生产的氛围。

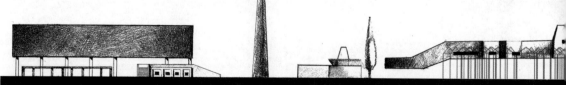

10:30 AM
大师工作室+对话间
MASTER STUDIO + DIALOGUE ROOM

13:00 AM
美陶博物馆
MEITAO MUSEUM

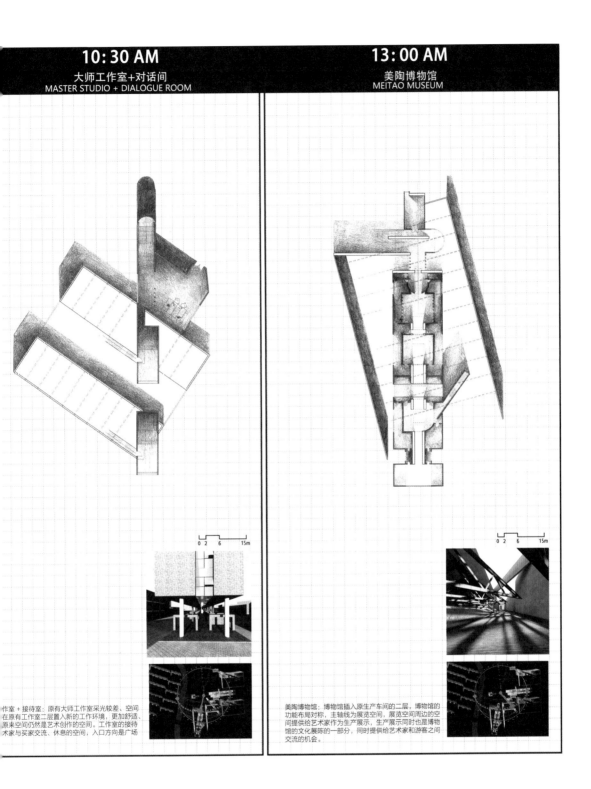

工作室+接待室：原有大师工作室采光较差、空间在原有工作室二层置入新的工作环境，更加舒适、原来空间仍然是艺术创作的空间。工作室的接待术家与买家交流、休息的空间，入口方向是广场

美陶博物馆：博物馆插入原生产车间的二层，博物馆的功能布局对称，主轴线为展览空间，展览空间周边的空间提供给艺术家作为生产展示，生产展示同时也是博物馆的文化展陈的一部分，同时提供给艺术家和游客之间交流的机会。

线
LINE / VECTOR

设计者：郑祺
指导教师：邹颖　辛善超
城市研究阶段合作者：谢佳豪　黄昱铭
学校：天津大学

Designer : Zheng Qi
Tutor : Zou Ying　Xin Shanchao
Team Member in Urban Study : Xie Jiahao　Huang Yuming
School : Tianjin University

指导教师评语

如同塔可夫斯基笔下的《雕刻时光》，该设计重点探索了既有历史和文化特征，以及传统民居与工业遗存的历史片区在当今生活中的更新策略，并以此构建具有历史文化厚度的场所体验。设计提出一种线性的城市设计方案，将已改造区域、传统民居、工业厂房、农业景观等区域重要空间节点进行有机整合、联系，强调古镇的历史脉络和地域特色，串联场地现有文化资源。建筑单体设计依据城市设计成果，在场地西南侧进行建筑单体深化设计。建筑设计方案主要包括三个展厅，涵盖陶瓷的基础制作、历史叙事以及艺术变体。设计具有一定批判性特征，摒弃完全依托周围环境的肌理进而形成与之和谐的空间对话，取而代之的是利用具有视觉冲击力的线性形态，完成具有强烈叙事性的空间路径表达，结合对于光影的引入、材料的设计以及尺度的特殊塑造，营造具有静谧氛围的场所空间。该设计传承和弘扬颜神古镇的文化底蕴，为颜神古镇的城市规划和建筑设计提供有益思考。该设计逻辑清晰，空间丰富，设计成果细腻、深入突出。

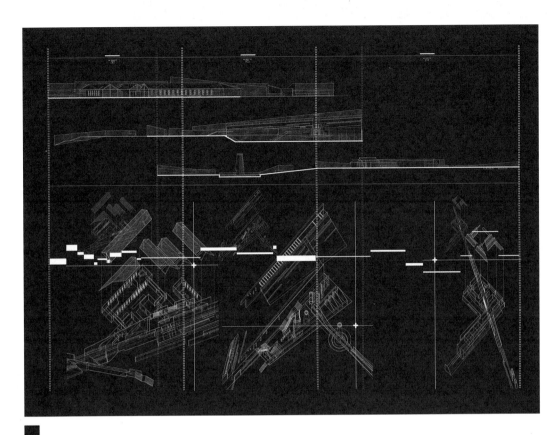

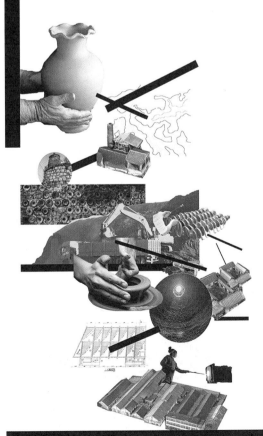

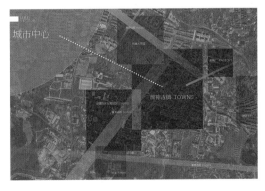

建筑设计的思路沿袭了城市设计中对"线"的思考，聚焦于思考如何将工厂、村庄、合院、水道、土坡这些场地元素捏合在一起；同时也执着于串联更多的空间与事件，如场地外北侧的琉璃大观园、场地内西侧的雨花釉美术馆、场地东侧的美陶厂老房等，让新工业与旧古镇完美融合。

线 LINE /

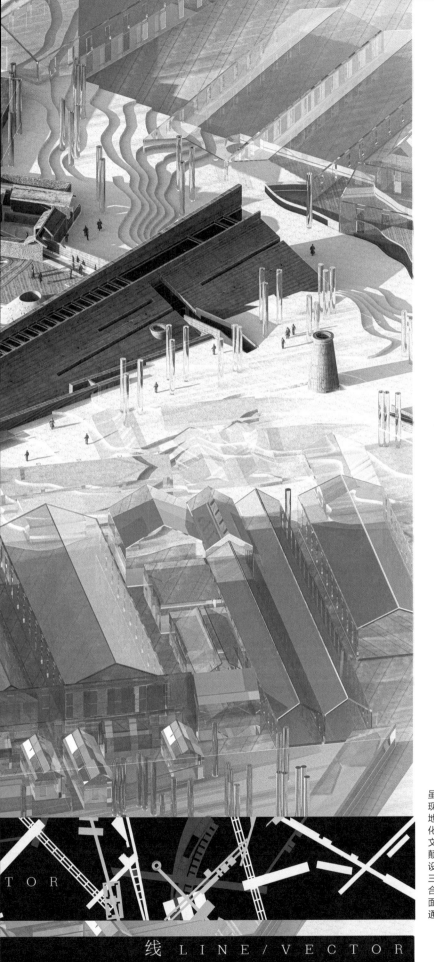

虽然我们更趋向于让建筑造型呈现出一种古朴的古镇风貌，但场地现有的建筑空间作为工业文化的一部分，具有重要的历史和文化价值，不应该被盲目废弃或颠覆。

设计"线 Line / Vector"选取了三类场地中的历史断面，分别为合院断面、地形断面以及工厂断面。并用线性展厅将其链接形成通路，用"保留"的姿态做设计。

线 LINE / VECTOR

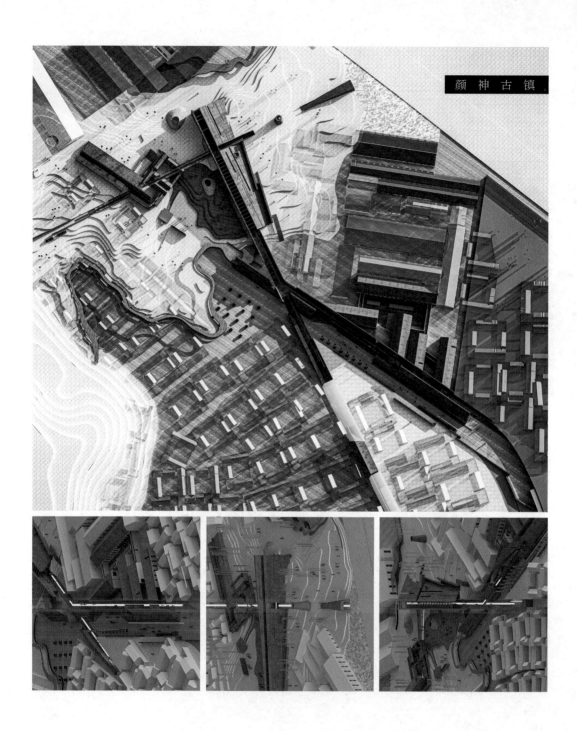

本方案中"线 line/vector"分隔了工厂、古镇和地面景
观断层三个功能块。形态各异的功能主体被"线性"的
游览路径，切割，埋藏，穿过……

"线 line/vector"通过连续的单层横向线条阐述剖面的叙
事性，因此建筑剖面不仅仅是单调的几何形态，更会随
着叙事节奏的变化而变化。

"线 line/vector"不打算用"和谐""平衡"的态度处理
场地内不同年代、不同性格的建筑改造部分；而是更倾
向于一种拼贴的复杂态，去尊重场地原有的尺度和肌理。

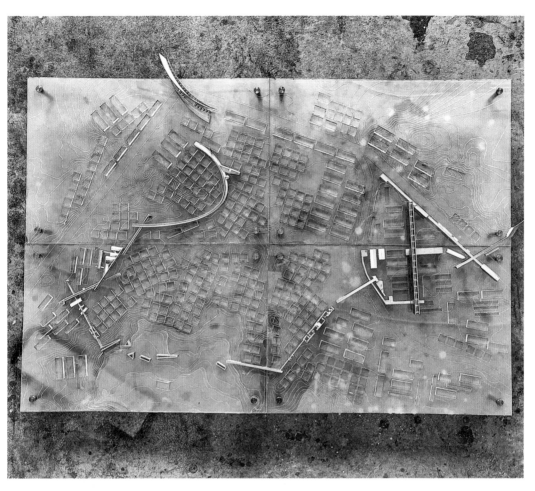

线 LINE / VECTOR

揉泥做坯、印坯、利坯、荡里釉、画坯、挖底足、烧窑……
建筑所展示的叙事性，在"型""坯""声"三个展厅中得到了体现

"型"展厅：
该展厅主要展示中国陶瓷器的形状为主展示瓷器的色彩和瓶的比例。展
厅内将展示各种不同形状的陶瓷器，如碗、盘、壶等，通过展示这些不
同形状的陶瓷器，让观众了解到中国陶瓷器的多样性和丰富性。同时，
展厅还将展示不同比例的瓶器，让观众了解到中国陶瓷器的比例之美。

"坯"展厅：
该展厅主要展示土坯是如何塑形的。展厅内将展示不同形状的土坯的艺
术形态。展厅还将展示土坯的制作过程，拓展游客对土坯制作的了解。

"声"展厅：
该展厅主要展示一些艺术行为和声相关。展厅内将展示不同艺术家的声
音作品，如声音装置、声音雕塑等，让观众了解到声音艺术的多样性和
丰富性。此外，展厅还将展示不同声音的特点和效果，如瓷器的高音、
低音、回声，瓷器开片的声音等，让观众了解到与陶瓷有关的声音之美
妙。同时，展厅还将向室外空间延展，将展示与声音相关的艺术行为，
如音乐表演、声景等，让观众了解到声音在艺术中的重要性。

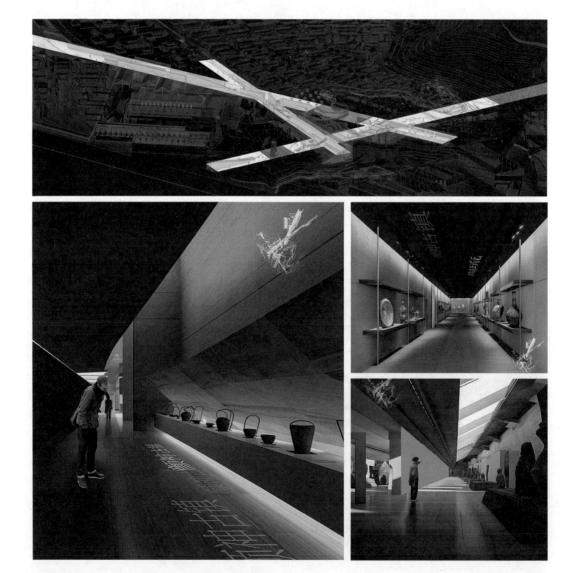

MEGA-MONITOR: 超显示器
A GIANT LANMARK OF YANSHEN ANCIENT TOWN

设计者：谢佳豪
指导教师：邹颖　辛善超
城市研究阶段合作者：郑祺　黄昱铭
学校：天津大学

Designer : Lanson Xie
Tutor : Zou Ying Xin Shanchao
Team Member in Urban Study : Zheng Qi Huang Yuming
School : Tianjin University

指导教师评语

设计者以其显著的批判精神开展着城市设计与单体设计工作，设计提出"超显示器"概念，针对颜神古镇往昔光景日渐式微，须借助资本介入的方式刺激当地产业的局面所提出的一种改造更新理念。该方案希望通过在颜神古镇旁的废弃厂房区上空架起一座如巨型显示器般的超大体量建筑，给原本建筑体量微小密集的古镇空间制造戏剧性的对比冲突，并通过建筑的地标性来吸引和连接城市与外来资源，刺激当地的产业转型与发展。建筑设计以简洁巨构条形体量介入，外部对于东西两个不同界面形成不同处理，东侧对应城市车流的界面简洁通透，西侧呼应古镇界面则在界面处理过程中引入小尺度语言，同时保持下方厂房向上的连续性，形成如同地表卷起一般的建筑奇观。空间内部斜墙同样将空间分为两种"表情"，一面对应古镇一面面向城市，一面回应历史一面串联工业，回应周围不同的场地尺度、肌理，在内部空间设计上强调光影对场所的塑造。该设计逻辑清晰，空间丰富，设计成果细腻、深入突出，体现当下学生对于社会问题的创新性、批判性思考。

"超显示器"地标概念——一座建筑拯救一座古镇

"超显示器"概念方案意图在美陶厂上空架起一座如巨型显示器般的超大体量建筑,给原本建筑体量微小密集的古镇空间制造戏剧性的对比冲突,并通过建筑的地标性来吸引和连接城市与外来资源,刺激当地的产业转型与发展。

《衰亡的古镇》报纸意向拼贴图

《衰亡的古镇》报纸意向拼贴图

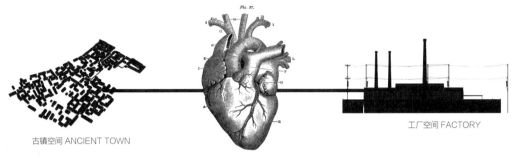

古镇空间 ANCIENT TOWN

工厂空间 FACTORY

美陶厂——场地的心脏

在美陶厂上空架起的如同显示器般的巨型线性体量，通过其标志性的建筑形象能够被西侧古镇内的居民与东侧工厂中的工人和来自城市主干道的城市居民所看所知所感，从而聚集和吸引场地资源。

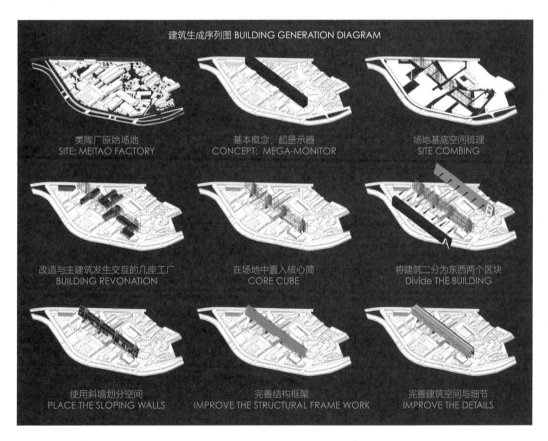

建筑生成序列图 BUILDING GENERATION DIAGRAM

美陶厂原始场地
SITE: MEITAO FACTORY

基本概念，起显示器
CONCEPT: MEGA-MONITOR

场地基底空间梳理
SITE COMBING

改造与主建筑发生交互的几座工厂
BUILDING REVONATION

在场地中置入核心筒
CORE CUBE

将建筑二分为东西两个区块
Divide THE BUILDING

使用斜墙划分空间
PLACE THE SLOPING WALLS

完善结构框架
IMPROVE THE STRUCTURAL FRAME WORK

完善建筑空间与细节
IMPROVE THE DETAILS

方案首先整体分析和梳理了美陶厂的场地肌理，将场地中具有空间特点和历史文化特色的大型厂房空间进行保留，将部分已不再被使用且建造混乱的小尺度房屋去除，整理场地空间，拓宽行人游览场地的路径并留出若干具有空间特点的广场。之后将场地内几座与主建筑体量发生交互的厂房进行改建，使其成为进入建筑的序厅。

N

MEGA - MONITOR

VIEW FROM MEITAO FACTORY
美陶厂内部人视角

SECTION, the "N"
N 字形剖面

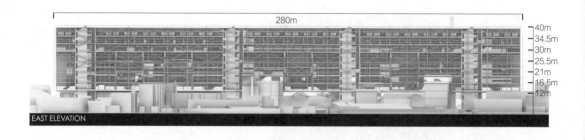

EAST ELEVATION

280m

40m
34.5m
30m
25.5m
21m
16.5m
12m

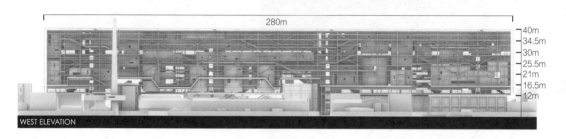

WEST ELEVATION

280m

40m
34.5m
30m
25.5m
21m
16.5m
12m

建筑的西侧面向代表着历史与文化的古镇空间，作为具有古镇文化特色的商业与展览空间使用，被掀起的屋顶回应古镇的场地肌理，自由穿行的连廊与平台也奠定了建筑西侧分区活跃有趣的空间氛围。

建筑的东侧面向工厂与城市，作为垂直工厂使用，整体立面设计语言简洁大方，并将建筑的结构构件大胆裸露，回应现代工厂主题。

VIEW FROM YANSHEN TOWN 颜神古镇看向美陶厂视角

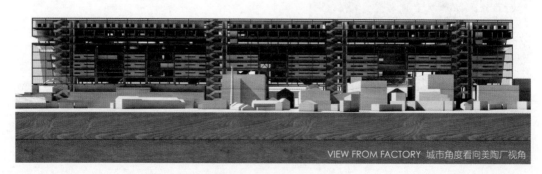

VIEW FROM FACTORY 城市角度看向美陶厂视角

1. 核心筒
面积：45m² × 8=360m²

2. 艺术家融合工作坊（私密）
面积：20m² × 30=600m²

3. 卫生间
面积：15m² × 24=400m²

4. 艺术家工作坊（开放）
面积：50m² × 8=400m²

5. 开放展廊 / 平台 / 休憩空间
面积：1600m²

6. 多功能展厅
面积：100m² × 8=800m²

7. 生产车间
面积：130m² × 9 ≈ 1300m²

8. 生产车间（升降）
面积：70m² × 4=280m²

9. 企业办公
面积：20m² × 24=480m²

10. 观景楼梯
面积：320m²

11. 交通
面积：600m²

1. Core tube
Area: 45m² × 8=360m²

2. Artist Fusion Workshop (Private)
Area: 20m² × 30=600m²

3. Toilet
Area: 15m² × 24=400m²

4. Artist Workshop (Open)
Area: 50m² × 8=400m²

5. Open gallery/platform/rest space
Area: 1600m²

6. Multi-functional exhibition hall
Area: 100m² × 8=800m²

7. Production workshop
Area: 130m² × 9 ≈ 1300m²

8. Production workshop (lifting)
Area: 70m² × 4=280m²

9. Corporate office
Area: 20m² × 24=480m²

10. Viewing staircase
Area: 320m²

11. Transportation
Area: 600m²

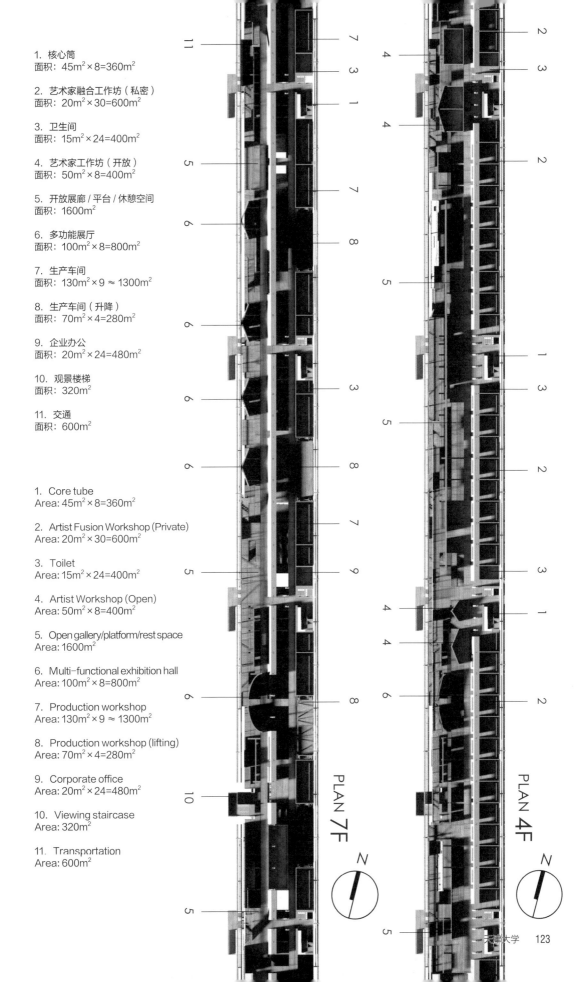

PLAN 7F

PLAN 4F

SURFACE

西侧面向古镇空间立面生成逻辑
The west side generates logic

MEGA - MONITOR 一座建筑拯救一座古镇。

YANG

东侧面向城市空间立面生成逻辑
The east side generates logic

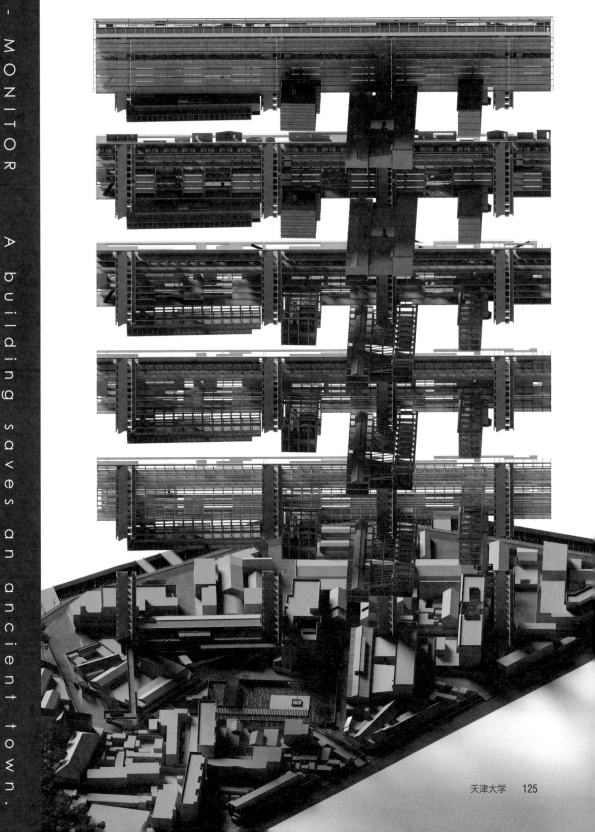

MEGA - MONITOR A building saves an ancient town.

重庆大学

CHONGQING UNIVERSITY

重庆大学

1 颜神不落幕

以"城市策展"为主要理论支撑，提出"永不落幕的城市策展"的概念，再利用触媒理论和"策展+"的策略，对全区进行整体规划。

冉铖李

韦小小

高银轩

2 颜神营造计划

引入城市微更新理论，构建"自上而下－自下而上－循序渐进"的微更新策略，对颜神古镇现状问题提出改造策略构想。

阳晨璐

傅三超

揭文煊

3 淘·陶集

淘，指的是淘物、淘宝，更是陶瓷。集，指的是集坊、集市，更是集人，希望由陶瓷集市再次激活这片区域。

顾钰婷

汪蘭

孙思源

龙灏

宫聪

指导教师

研学思辨　触媒古镇

城市存量更新时代，建筑师如何在衰败的历史地段中恢复生活、生产、生态、文化的可持续性发展，成为各个"地方"的共性问题。在此类现实困境与目标框架下，毕业设计旨在启发师生对三类问题的思辨：其一，素质、能力、价值观。教学过程中训练学生综合利用以往知识体系与经验技巧，充分发挥与展现个人在设计方面的基本功，并反思建筑师的社会角色与使命。其二，过去、现在、未来。让学生理解在城市更新中，空间生成必须与当地资源及未来使用情景相关。在历史地段中，文脉与记忆是重要的设计因素之一，新场地必须贴合与改善地方居民的生活需求与习惯。其三，生活、生产、生态空间。让学生明晰"经济"要素在公共建筑中的持续作用机理，将生产型空间纳入策划，并意识到历史地段中"生态"的广义，不仅仅是绿地农田，更是一种集约生产、生活、文化、政策的综合生态观。

基于此，本次毕业设计"颜神古镇"提供了适配的设计练习材料，体现在场地中时代变迁与地域特征、生产遗迹与生活本体、本土材料与现代样板、城市与乡村综合体等要素的多元共存。城市仍需要可达的古镇来体验与追溯，场地又为周边城乡提供了如赶集、节日、访亲等功能。场地内的农田果树、窄溪巷道、匣钵碎瓦等无不在诉说历史的繁荣、今日的落幕、未来的期许。在现场的"未来"空间中，如何活化"三生"空间，思考不同人群（原住民、新居民、游客、商业、办公）何时何地如何交流与分离，成为场地社会规划与按需设计的线索。

基于"理清资源—发现问题—提出方案"教学流程，重庆大学三组方案"整合城市空间与产业空间的城市策展、基于生产与生活空间互惠复兴的城市微更新、兼顾陶琉文化与集市习俗植入的陶集针灸"都尝试了将"触媒"作为激发空间使用的一种手段，综合考虑新旧产业、地方文化、生活空间的渐进式整合与改造。以节点带动区域发展，既是一种实验性与检验性设计，也可以充分发挥空间绩效，综合考虑区域交通梳理与搭接、多方空间资源联动、分阶段策划、公共空间系统整合设计、触媒点位选址等问题，最终依据"场地策划—城市设计—单体设计"设计流程，9座建筑（群）依据而生。

总之，这是再一次毕业设计研学的实验、一次古镇复兴策略的探讨、一次疫情后建筑学高校交流的盛宴。

集体照片

颜神不落幕 —— 以城市策展为触媒的古镇再生模式

Yenscheng Tschann Never Ends — The Regeneration Model of Ancient Towns with Urban Curation As a Catalyst

设计者：冉铖李　韦小小　高银轩

指导教师：龙灏　宫聪

学校：重庆大学

Designer : Ran Chengli Wei Xiaoxiao Gao Yinxuan

Tutor : Long Hao Gong Cong

School : Chongqing University

历史记忆：颜神——博山陶琉的标志

博山的陶瓷琉璃产业随着历史发展变迁，颜神在这段历史长河中始终保持着核心地位，颜神古镇已经是博山这座城市的文化象征。

人群分析：巨大的人流量落差

颜神古镇内人群共分为三类，分别是游客、工作人员和原住民。通过调研发现在出现文化事件或举办活动期间各个人群的比例、活动和功能需求与平时相比均有不同。同时较为明显的一个特征是颜神古镇在有文化事件或举办活动期间人流量出现游客爆发式增长，而在平时人流量却断崖式下跌。

场地现状：废墟与景区的封闭割裂

在 2018 年，古镇迎来了转机，颜神古镇项目与旅游公司进行了签约，但由于开发进度缓慢，颜神古镇进入了半景区半废墟的状态。并且景区、废墟二者之前被"景区制"分割开来，二者相互隔绝，再加上古镇本身临界的天然屏障，更加加重了古镇的封闭割裂。

研究方法：以城市策展为主的四大理论体系

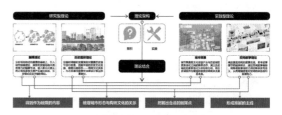

目标定位：以陶琉文化为主体的文旅项目

在博山区的"十四五"规划当中，文旅产业是发展的重点，规划也将颜神古镇作为重大文旅项目进行开发，其中建立陶琉文化和古镇建筑空间的联系，是重要策略。

提出概念：城市策展

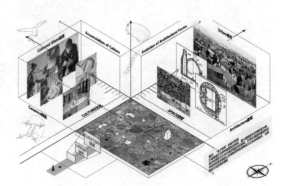

设计策略：策展＋

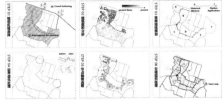

以城市策展为触媒的古镇再生模式，采用的规划策略：渐进式、微改造的触媒激活，节点改造策略：策展＋，让策展形成持续性影响，通过将策展与不同的物质形式如建筑物、产业活动、公共空间等进行结合，使策展深入到居民生活、游客活动的方方面面，以期让其形成持续性的影响。

选区规划：以点带线，以线带面

选取了整块场地中最靠近人流中心、民居历史层次最丰富且能形成完整览线串联东侧北国陶苑的区域作为规划选区，并通过节点触媒带动周边发展，激活沿线的一带建筑，再由主街向周围分散延伸，以逐渐带动整片区域的发展。

策展区总平面图

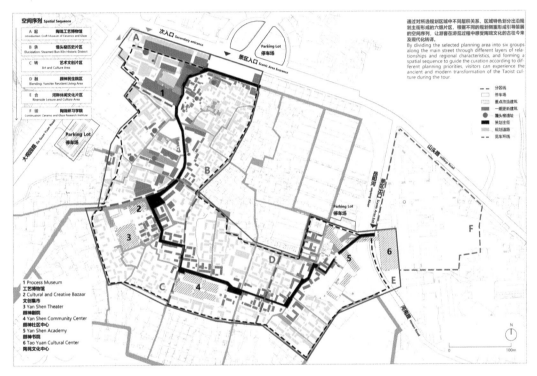

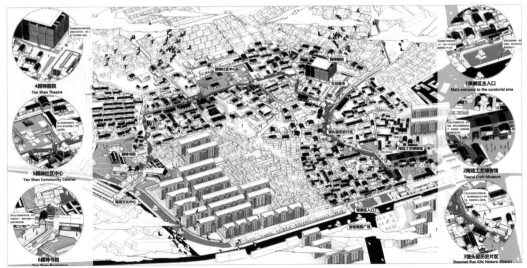

颜神剧院＆文创集市
YENSCHENG THEATER & CREATIVE BAZAAR

设计者：冉铖李　　指导教师：龙灏　宫聪　　学校：重庆大学

设计概念

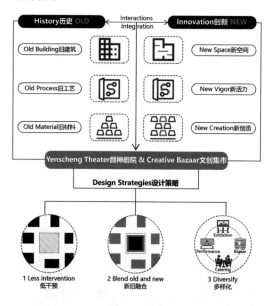

形体生成

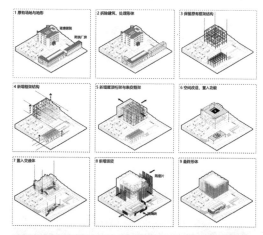

设计概念基于对历史文化和创新的平衡、互动与融合。在历史要素方面，场地内有保留的历史建筑（肾康医院与旧厂房）、传承下来的陶瓷琉璃制造工艺，以及当地居民用作建筑材料的生产废料。

为了保留原有的建筑形式，剧院和文创集市都没有在造型上做太大的改动，剧院外部新增一圈体量，以钢框架结构为主，立面挂陶瓷片，打造轻盈感，和原有的建筑混凝土的厚重感形成对比。而文创集市同样在造型上进行"轻盈化"的处理，引入琉璃砖，并将屋顶改造为透光玻璃，从而增强内部空间的采光。

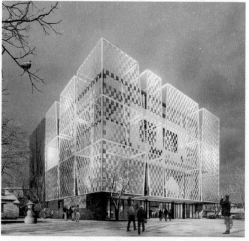

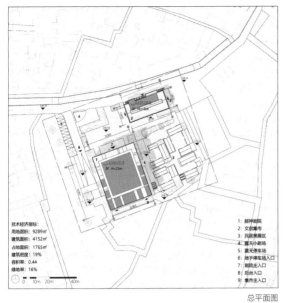

技术经济指标：
用地面积：9289m²
建筑面积：4452m²
占地面积：1765m²
建筑密度：19%
容积率：0.44
绿地率：16%

1：颜神剧院
2：文创集市
3：民居集展区
4：喜天小剧场
5：露天停车场
6：地下停车场入口
7：剧院主入口
8：后台入口
9：集市主入口

总平面图

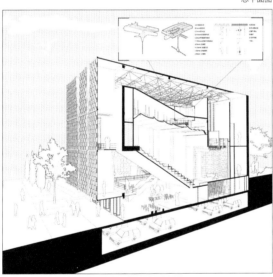

剖面解析

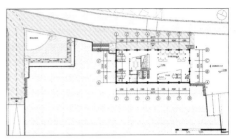

标高 -3.100m 处平面图

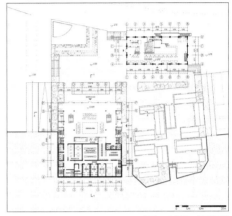

标高 ±0.000m 处平面图

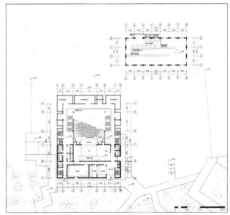

标高 3.500m 处平面图

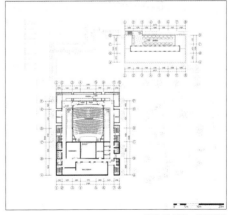

标高 10.500m 处平面图

颜神社区中心
YENSCHENG COMMUNITY CENTER

设计者：韦小小

片区规划：开放社区

这一片区为颜神古镇民生院区，目的是展现民居生活，因此我的规划是重启社区。但场地中存在邻里交往减少等问题，因此通过"改善居住环境＋提供工作机会"的策略吸引原住民回迁。

轴测分解

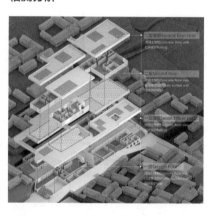

设计概念：社区芳草地——颜神社区中心

社区最重要的在于人与人之间的交流。本设计概念是社区芳草地，即是通过低干预的方式，为社区创造一个能够自在交流与休闲的场所，以及为社区服务的空间。将建筑沉下去，减少对社区的影响；连接不同层面的道路，让所有人都能更直接方便地到达这里；将建筑屋顶覆土，为交流提供自然休闲的氛围，增进不同年龄段与不同身份人们之间的交流。

形体生成

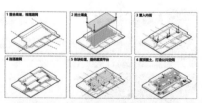

1. 整合高差，疏通路网：规整场地中的高差，连通道路；2. 挖土填盒：将场地原有的土堆挖空并置入相同大小的体块；3. 置入内街：将体块挖出一条内街，满足采光需求并连通道路；4. 连通路网：呼应周边的道路与民居建筑，设置不同层高的入口并连通路网；5. 体块处理，提供屋顶平台：呼应周边切分体块，局部二层；6. 屋顶覆土，打造公共空间：将屋顶覆土变成自然的公共空间。

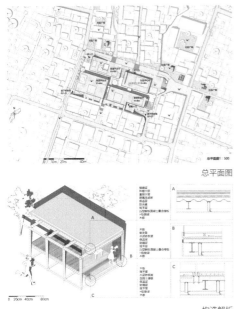

总平面图

构造解析

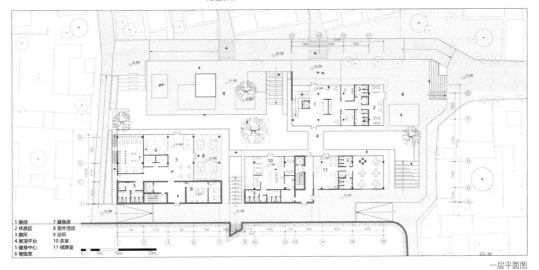

1 接待	7 健身房
2 休息区	8 室外活动
3 厕所	9 诊所
4 屋顶平台	10 茶室
5 健身中心	11 棋牌室
6 瑜伽室	

一层平面图

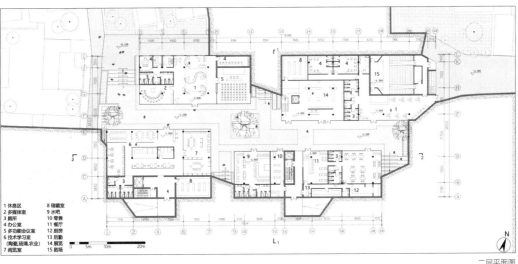

1 休息区	8 储藏室
2 多媒体室	9 水吧
3 厕所	10 零售
4 办公室	11 餐厅
5 多功能会议室	12 厨房
6 技术学习室	13 后勤
（陶瓷,玻璃,农业)	14 展览
7 阅览室	15 剧场

二层平面图

颜神书院&陶苑文化中心
YENSCHENG ACADEMY & TAO YUAN CULTURAL CENTER

设计者：高银轩

孝妇河岸边人视点透视
Perspective of human viewpoints on the banks of the Xiaowu River

设计说明

整个设计分为三个建筑部分：颜神书院、陶苑文化中心和连接两处的景观廊桥以及与其为一体的标志性瞭望塔。整体思路希望创造古窑村与美陶厂之间的有效链接，同时充分利用孝妇河的沿岸景观资源，作为一片可以与自然互动的自由林野，让古窑村焕发新的生机与活力。

设计概念

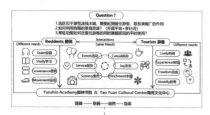

设计策略

一方面，我们希望能够利用当地的特色文化作为创造性的吸引力，保持新鲜感；另一方面，我们希望充分利用当地的地域资源，改善当地的环境，在一些微层面的处理上谨慎融入，但又需要一些强有力的创造性改变来为当地提供新的活力，同时，协调居民与游客的需求也是重要的考虑方面。

形体生成

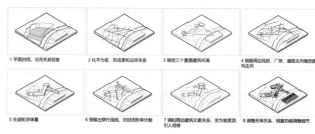

1 平面封闭，沿河关系较差　　2 化平为坡，形成柔和沿岸关系　　3 确定三个重要建筑环境　　4 根据周边民居、厂房、道路走向确定建筑走向

5 生成初步体量　　6 预留出穿行流线，对封闭形体分割　　7 调和周边建筑元素关系，变为坡屋顶　　8 调整形体关系，根据功能调整细节引入塔楼

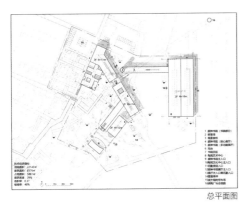

总平面图

一层平面图（标高 -2.100m）

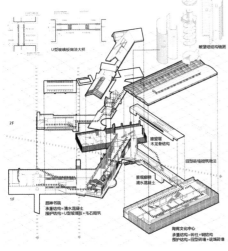

轴测分析 + 结构参考

剖透视

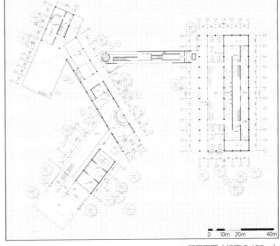

二层平面图（标高 2.100m）

颜神营造计划
YAN SHEN CREATION PLAN

设计者：阳晨璐　傅三超　揭文煊
指导教师：龙灏　宫聪
学校：重庆大学

Designer : Yang Chenlu Fu Sanchao Jie Wenxuan
Tutor : Long Hao Gong Cong
School : Chongqing University

指导教师评语

该设计方案从场地现状问题入手，提出以生活、生产为核心进行复苏，并运用微更新理论对整个古镇构架提出具有发展前景的设想，试图创建可持续发展的"产 — 城 — 人"融合的古镇新风貌，逻辑清晰，内容饱满，且具有一定可操作性。

核心问题

面临国企改制、煤矿、陶瓷等传统产业逐渐衰败，颜神古镇急需更新，设计从场地的两个核心问题出发，确定城市设计宏观方向。

策略构建

通过对颜神古镇具体问题的分析，列举场地的优劣势以及困境机遇，结合城市微更新等理念形成上下联动、三产产、城、人融合的宏观城市更新思路，进而促进颜神古镇的可持续发展。

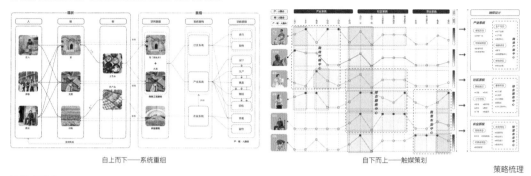

自上而下——系统重组　　　　　　　　　　　　自下而上——触媒策划　　　　　　策略梳理

总体规划

基于前期策划，本方案对颜神古镇进行重新布局，根据场地特点分别对建筑功能进行转换，主要包括产业系统、社区系统、农业系统，三大系统互相支撑形成新的产业结构，使颜神古镇获得新生。

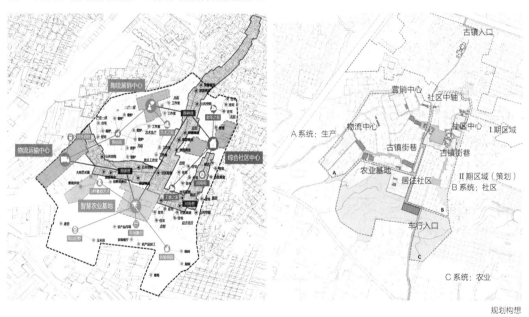

规划构想

未来愿景

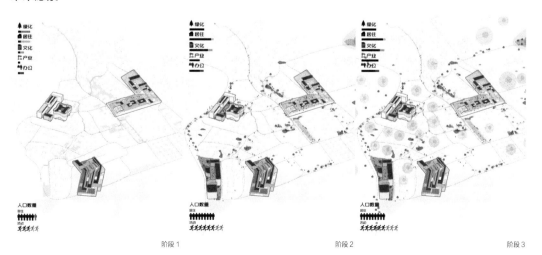

阶段 1　　　　　　　　　　　　　　阶段 2　　　　　　　　　　　　　　阶段 3

颜神营造计划·颜神公告牌
BULLITIN BOARD OF YANSHEN

设计者：阳晨璐

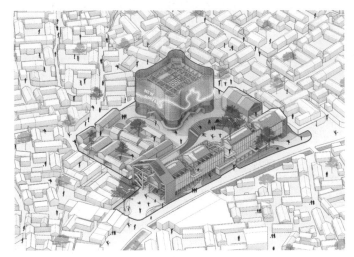

设计说明

基于前期的城市设计内容，此单体改造设计定位于颜神古镇原肾康医院处，是前期规划中产业轴线的重点位置，将会成为激活颜神古镇的重要触媒之一。在功能及活动策划上，将产业链延伸并且形成闭环，能够满足颜神古镇陶琉产业链的可持续发展。同时，结合原有建筑脱离古镇民居的建筑形式特点，对其外立面进行改造，将该建筑打造成颜神古镇的"公告牌"，起到对外进行产品宣传、活动公告，对内进行公共文娱活动场所供给的作用。

策划方案

利用场地资源，联合传统院落打造传统工艺群坊，着力于定制生产和 DIY 研学体验；同时更新现有工厂设备，以确保能对热门产品进行批量生产。联动整片区域进行从"设计 — 生产 — 营销 — 展览 — 售卖"全方位的可循环产业链，给颜神陶琉带来新的机遇。

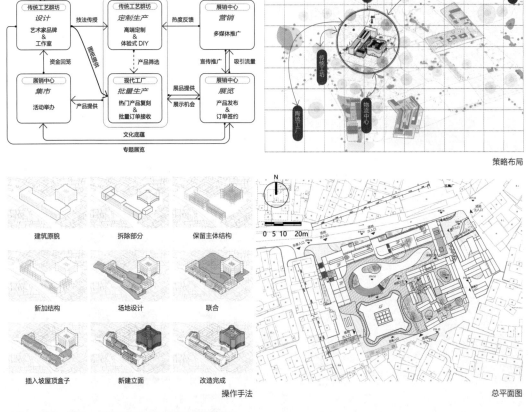

策略布局

建筑原貌　　拆除部分　　保留主体结构

新加结构　　场地设计　　联合

插入坡屋顶盒子　　新建立面　　改造完成

操作手法　　　　　　　　　　总平面图

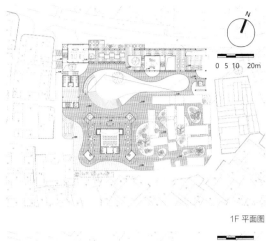

1F 平面图

0 5 10 20m

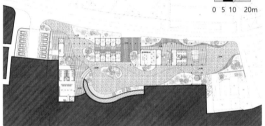

-1F 平面图

0 5 10 20m

轴测分解

入口广场

中庭

陶琉市集

内部场景

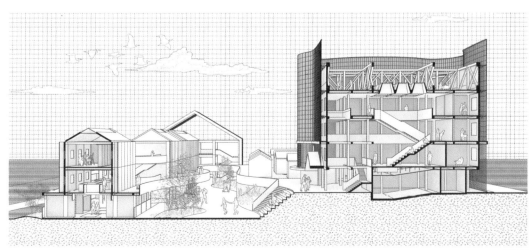

剖透视

颜神营造计划·穿街串院
CROSSING STREET AND COURTYARD

设计者：傅三超

设计说明

基于前期的城市设计内容，此单体改造设计定位于颜神古镇中心一块空地处，现在是废弃状态。该场地位于原古镇片区中心地段，可辐射到各片居住区域，在拆除部分建筑后，通过进行原有建筑的功能置换从而能够成为为各类人群提供公共活动的空间。同时，场地联通主要人流线路以及居住区内部贯穿的流线，能够很好地汇聚人群。

概念构思

院落语汇

街巷转译

策划方案

社区活动中心主要聚焦于为整个社区提供必要的公共活动场地与服务设施。在满足内部居民需求的同时，也能提供给旅客、游学者相对完备的服务，还原生活氛围。

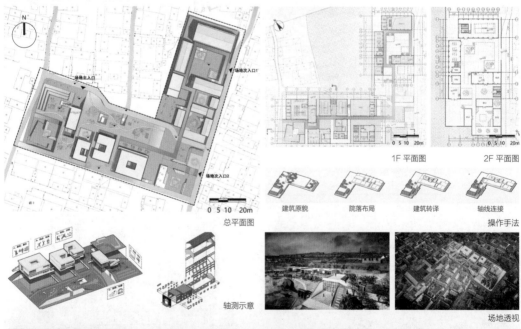

总平面图

1F 平面图

2F 平面图

建筑原貌　院落布局　建筑转译　轴线连接

操作手法

轴测示意

场地透视

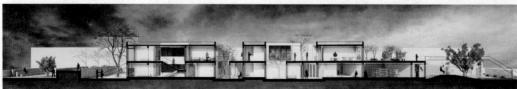

颜神营造计划 · 从古镇到田野
FROM TOWN TO FIELD

设计者：揭文煊

设计说明

根据前期以复苏颜神古镇生产生活为核心的古镇复兴规划，该建筑项目是社区农业系统的核心以及完善社区系统的重要补充；建筑功能以融合农业、社区系统为主体，布置社区市场、旅游农业等功能。建筑位于田野西部高坡处，本设计选择了覆土的建筑形式，减少建筑体量以削减对原有农业景观的冲击；同时根据古镇建筑肌理，延续小巷路径，联系古镇与田野。

概念方案

建筑核心概念与出发点是在覆土的建筑形式下处理好古镇与田野两处标高的关系，因而采用了折板的建筑原型。

立面概念

立面转译

总平面图

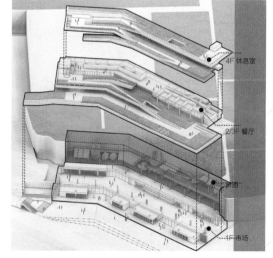

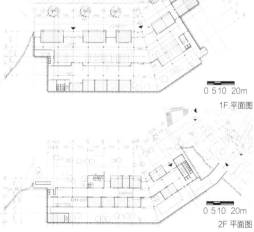

0 5 10   20m

1F 平面图

0 5 10   20m

2F 平面图

淘 · 陶集
POTTERY MARKET

设计者：孙思源　顾钰婷　汪蘭
指导教师：龙灏　宫聪
学校：重庆大学

Designer : Sun Siyuan Gu Yuting Wang Lan
Tutor : Long Hao Gong Cong
School : Chongqing University

指导教师评语

整个方案的系统性非常完整，对于整体区域陶瓷集市的策划打动人心。单体建筑设计完成度非常高。淘，指的是淘物、淘宝，更是陶瓷。集，指的是集坊、集市，更是集人，在孝母河文化、大集文化、陶琉文化的背景下，方案选用了针灸手法，在沿河边选取了三个激活点，依次进行激活。希望在目前人流交往贫瘠的选区里，再次由陶瓷集市激发活力。

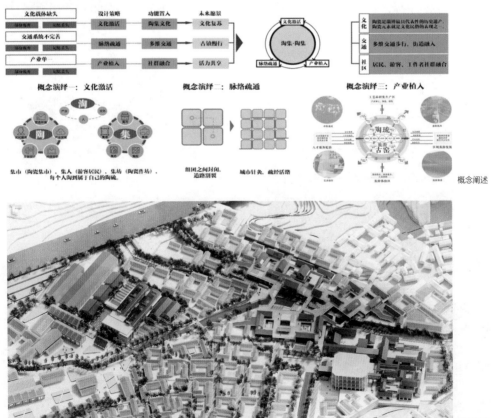

概念阐述

轴测鸟瞰

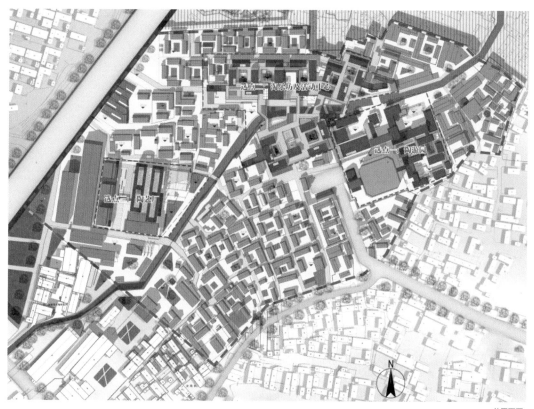

总平面图

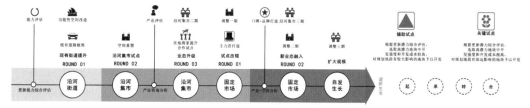

"针灸"激活

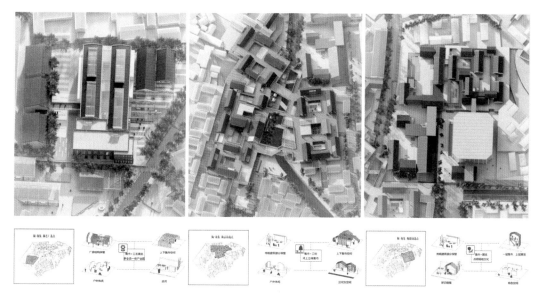

未来发展定位

陶艺厂
POTTERY ART FACTORY

设计者：孙思源

设计说明

本设计通过对既有厂房的改造，使得并列且脱节的厂房空间与办公空间的利用率得到最大化，在保留原有厂房结构的同时置入新结构，将脱离的空间延续，并通过灵活的大空间的打造，将办公与库房等房间放在四周，中间空间实现"一层集市 + 二层展览"的结合，并设置十字流线，使人行流线最便捷。

1 处理场地关系　　2 拆除临时建筑　　3 连接厂房与办公楼　　4 新建创客工坊　　5 加入廊道　　6 打造广场

形体生成

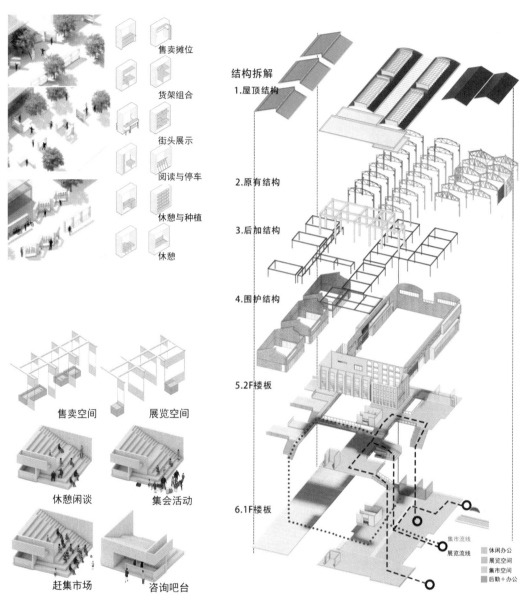

售卖摊位

货架组合

街头展示

阅读与停车

休憩与种植

休憩

结构拆解

1.屋顶结构

2.原有结构

3.后加结构

4.围护结构

5.2F楼板

6.1F楼板

集市流线

展览流线

休闲办公

展览空间

集市空间

后勤+办公

售卖空间　展览空间

休憩闲谈　集会活动

赶集市场　咨询吧台

轴测图

陶游园
POTTERY PARK

设计者：汪蘭

设计说明

我们提取场地原有元素——小体量房屋，使设计融入场地肌理。该场地作为沿河集市的一个重要节点，底层组团多为室内集市，而原肾康医院一层则为开敞式集市，满足各种集市需求。其中木色体量强调了开敞集市的主入口和二层以上展览空间入口。

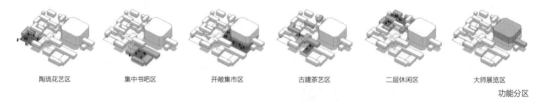

陶琉花艺区　　集中书吧区　　开敞集市区　　古建茶艺区　　二层休闲区　　大师展览区

功能分区

总平面图　　　　　　　　　　　　　　　　　　　　　　场景渲染

陶乐坊
CERAMIC FUN WORKSHOP

设计者：顾钰婷

设计说明

挖掘场地本身的陶琉文化，在研究空间原型的基础上，建成游客、居民、手工工艺者交流、游憩的公共活力空间。建筑主要由五个合院组成，河北岸主为陶艺工坊、古玩坊、书画创作坊；河南岸主要为居民活动中心。集市以针灸方式植入，模块化搭建"可移动摊位"，满足多种功能的组合和变化。

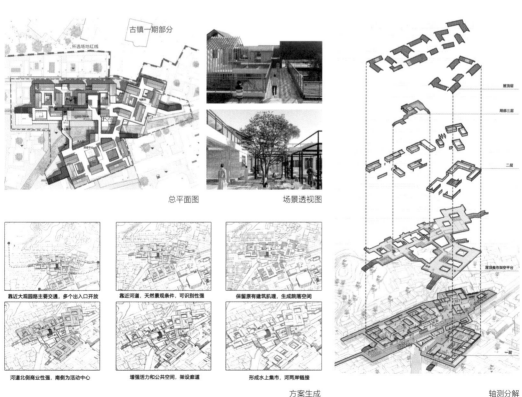

古镇一期部分

所选场地红线

总平面图　　　　　场景透视图

靠近大型园路主要交通，多个出入口开放

靠近河道，天然景观条件，可识别性强

保留原有建筑肌理，生成院落空间

河道北侧商业性强，南侧为活动中心

增强活力和公共空间，架设廊道

形成水上集市，河两岸链接

方案生成　　　　　轴测分解

屋顶层

降维三层

二层

屋顶集市架空平台

一层

浙江大学
ZHEJIANG UNIVERSITY

浙江大学

1 颜神
"起搏器"

在西侧活力带处设置各种功能，用不同方式来回应与周边小体量建筑的关系，激发颜神古镇活力。

2 窑神老街
溯源新生

融合美陶厂生产研学功能和古镇社区生活功能，重修窑神庙，打造窑神老街，实现窑神信仰涅槃重生。

潘翼舒

庄可欣

孙硕琦

张彦彤

刘佳琪

姚双越

陈晓苛

张嘉楠

浦欣成

王 卡

指导教师

世界因多元而精彩

按照"8+"联合毕业设计的传统，题目一如既往地开放，同学们先以小组为单位探讨城市设计，其后每位同学结合城市设计成果，各自相对独立地展示其建筑设计探索，众相纷呈。

现象之一，乌托邦情节。刘佳琪语出惊人地提出了将古镇改造成一个具有奖惩机制的新型监狱园区的设想。坚持过于离经叛道的思想需要超强勇气，在矛盾着的赞许与质疑声中，刘同学很快便放弃了这个过于黑暗的设想。但她这一主张惊煞众人，拓展了对这一课题的想象力。

现象之二，快速成型的灵感型设计。部分同学善于在小组城市设计阶段便同步酝酿个人思考，抓住灵感闪现瞬间，快速建构了相对成型的建筑设计概念。在新型监狱园区的设想被"劝退"后，刘佳琪很快确定了外围是贴邻悬崖的一圈小体量建筑围合着中心大公建的布局概念，此后主要耗费于中间的公建，从百米高层逐渐被打压为由交通圆环连接的一组多层建筑。张彦彤在初期便提出了大屋顶设想，之后长久地调整着大屋顶的具体形态及其与建筑体块的关系。潘翼舒提出了合院化改造厂房的设想，迅速发展出顺着坡顶高低起伏的合院形式，其后一直梳理空间结构等细节。孙硕琦的耕田计划挖掘了窑神元素，较早明确了用6座陪祀神殿激活院与田，其后反复推敲6座神殿的走位与空间形态。

现象之三，缓慢探寻的分析推理型设计。部分同学的设计是建立在分析与推理之上，不断调整策略与重点缓慢推动设计精进，使方案构形逐步呈现；此类设计建立在较为共通的价值观基础上，深思熟虑而更具现实性。庄可欣关注于建筑与庭院的尺度、方向与肌理，在基址坡面与毗邻老村形态中寻找线索，不断比对缓慢调整逐步成型。陈晓柯在建筑主体分段、转折以及与山体和民居形成呼应关系上比选良久。姚双越的补山计划在解决神与人、形与用、新建与旧改等各种矛盾中缓慢推进。张嘉楠的造园计划则不断往返于新老园子的衔接尺度问题。

同学们通过不同的思维范式各自对课题作出了多样化探索。在其后的职业道路上，他们也许会延续其思维方式而日趋成熟，也许会经历各种磨炼而逐渐转变，但希望他们能保持富有个性的独立思考，毕竟，世界因多元而精彩。

集体照片

城市设计——原生态（A、B 组片区城市设计成果汇集）
URBAN DESIGN: ORIGINAL ECOLOGY

基于古镇特色空间而存在的原住民行为活动，是这座城市的城市印记，也是这片土地的主要活力。

因此我们提出"原生态"这个概念，希望可以以原住民为核心，以发展原住民生产生活为出发点，从而吸引新村民来学习陶琉工艺、和原住民一起交流创意发展技术，吸引外来者参观旅游、和原住民一起体验历史文脉。最终可以达到"原住民—新村民—外来者"这三类人群在颜神古镇共生共长、和谐融洽的愿景。

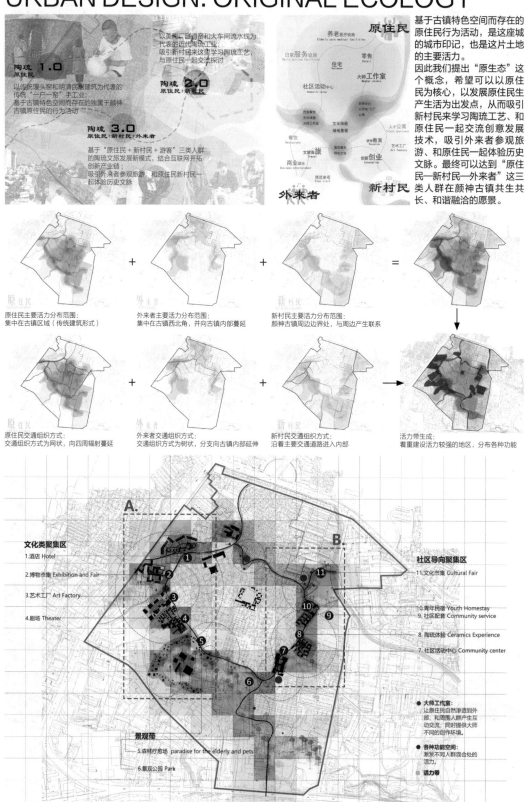

陶琉 1.0 原住民
以传统馒头窑和明清民居建筑为代表的传统"一户一窑"手工业；
基于古镇特色空间而存在的独属于颜神古镇原住民的行为活动

陶琉 2.0 原住民+新村民
以美琉汇陶道窑和大车前流水线为代表的近代陶琉工业；
吸引新村民来这里学习陶琉工艺、与原住民一起交流探讨

陶琉 3.0 原住民+新村民+外来者
基于"原住民+新村民+游客"三类人群的陶琉文旅发展新模式，结合互联网开拓创新产业链；
吸引外来者参观旅游、和原住民新村民一起体验历史文脉

原住民　外来者　新村民

原住民主要活力分布范围：集中在古镇区域（传统建筑形式）

外来者主要活力分布范围：集中在古镇西北角，并向古镇内部蔓延

新村民主要活力分布范围：颜神古镇周边边界处，与周边产生联系

原住民交通组织方式：交通组织方式为网状，向四周辐射蔓延

外来者交通组织方式：交通组织方式为树状，分支向古镇内部延伸

新村民交通组织方式：沿着主要交通道路进入内部

活力带生成：着重建设活力较强的地区，分布各种功能

A.　B.

文化类聚集区
1.酒店 Hotel
2.博物市集 Exhibition and Fair
3.艺术工厂 Art Factory
4.剧场 Theater

景观带
5.森林疗愈场 paradise for the elderly and pets
6.景观公园 Park

社区导向聚集区
11.文化市集 Cultural Fair
10.青年民宿 Youth Homestay
9.社区配套 Community service
8.陶琉体验 Ceramics Experience
7.社区活动中心 Community center

● 大师工作室：让原住民自然渗透到外部，和周围人群产生互动交流；同时提供大师不同的创作环境。
● 各种功能空间：激发不同人群混合处的活力。
■ 活力带

A 组片区城市设计 – 颜神起搏器

1 陈晓苛 – 民宿酒店

3 张彦彤 – 艺术集合

2 潘翼舒 – 集市博览

5 刘佳琪 – 养老疗愈

4 庄可欣 – 颜神舞台

B 组片区城市设计 – 窑神老街

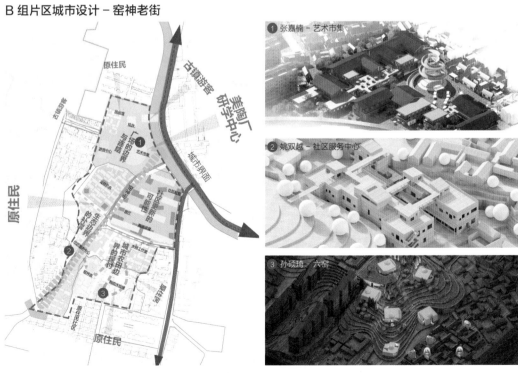

1 张嘉楠 – 艺术市集

2 姚双越 – 社区服务中心

3 孙硕琦 – 六窑

原住民

原住民

原住民

洄园
MONTAGE COURTYARD

设计者：潘翼舒
指导教师：浦欣成　王卡
城市研究阶段合作者：张彦彤　刘佳琪　庄可欣　陈晓苛
学校：浙江大学

Designer : Pan Yishu
Tutor : Pu Xincheng Wang Ka
Team Member in Urban Study : Zhang Yantong　Liu Jiaqi　Zhuang Kexin　Chen Xiaoke
School : Zhejiang University

指导教师评语

潘翼舒同学的设计，题名为"洄园"，一方面是溯洄，指时间维度上的追溯往昔；另一方面为回旋，指空间形态上的交叠缠绕。因而总体上洄园意指一个过去与现代的交叠。

本课题的选址位于颜神古镇的边缘，原址为一片旧厂房，西侧为城市道路，东侧为古镇。在小组城市设计阶段的分析中，处于原住民、新村民、外来者叠加的活力带上；环境基质多样，形态肌理丰富，人员构成繁杂，呈现出一种较为复杂的状态。而方案设计也同样通过某种相对复杂多样的方式去探寻问题的解决之道。

首先在功能上，为了避免过多高端功能的引入而致使片区出现绅士化转变，因而设计采用了"日常消费市集＋展陈"的方式，保留了部分厂房用于较小规模的生产，以达成生产、展陈、售卖市集的功能复合，并采用三个入口分别引导不同方向的人流。其次，在空间形态上，拆除部分旧有厂房后增建部分新建筑，形成了新老结合掺杂的景象，以这样一种多元化的方式使建筑既融入复杂的环境，同时又兼具部分新意。其中插入的新建筑，采用小体量合院化方式，分别在一层与二层，围绕着旧厂房进行叠加。其中二层的建筑体块，保留了纵向坡顶建筑体块，而与之接壤的横向体块，并非采用同等高度的双坡顶进行水平转折延伸，而是顺着纵向坡顶的坡面向下滑落到一层，从而接壤一层建筑的纵向体块的坡顶。由此形成了一种高低起伏的合院系统。此外，为适应地形需要，在靠近西侧道路位置，新建部分合院采取与城市道路平行的方式，并通过跨越旧厂房与主体合院进行连接，增加了建筑形体肌理的方向性变化，从而使建筑更接近于自然聚落的形态肌理特征。最后通过始于西门厅外侧、盘旋回绕于建筑主体坡顶、终于东侧庭院的一条室外游廊，将形体与外部空间进行了串联，突出了"洄"字，将给参观者带来丰富的体验。

新建部分建筑体块采用暗红色的耐候钢，在一片密集而灰暗的旧城背景之下，暗红色的建筑形体通过回旋缠绕、高低起伏，呈现出一种介于内敛与张扬之间的优雅气质。

洄园

洄园 - 新烟火主义视角下的市井博览会
今之溯夕
夕之望今
山隐象
隐回山
涵翼舒 2023/6/28
指导老师：蒲欣成，王卡

所谓洄园

洄的第一重意思是溯洄，在时间维度上意为追溯往昔；第二重是其本意，即缠绕回旋，是一种空间形态的交叠缠绕。而园主要指古窑村传统民居的合院。洄园便是一个过去与现代交叠，合院和合院嵌套缠绕的含义。

调研的时候，穿越混乱的厂房、间杂的八九十年代居民楼、私搭乱建的简易棚屋，不经意间便进入核心荒废的古窑村。土黄色灰扑扑的民居间路径错综复杂，相互紧抱的院落层叠嵌套，穿梭其中，给我一种闯入《路边野餐》中荡麦的既视感。这像一个臆想的、停滞的、过去现在和未来交融而消解于此的迷境，仿佛走进一个非线性叙事的梦境。
故而我对此处节点的设想，是引导你进入这个梦境的序曲，与其说它是个神往事的展览馆，不如说它是对古窑村诸多印象切片的叙事和重构。我会将孝妇信仰、山头旧事、窑炉兴衰、工业遗存等几个主题以交叠的形式糅合，办一场反映百年变迁的走马灯和游园会。当人从此处进入交叠带，将会感受到自己已进入一场搜寻记忆碎片的梦。

01 选址 LOCATION

1 在环带的位置——西半环入口 　2 现状建筑类型——一层双坡厂房 　3 人群分布——三种人群混合处 　4 现状与改建——部分拆除置换入们用地

02 园的变体探索 VARIATION OF THE COURTYARD

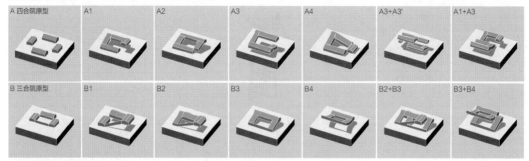

A 四合院原型　A1　A2　A3　A4　A3+A3'　A1+A3

B 三合院原型　B1　B2　B3　B4　B2+B3　B3+B4

03 建筑生成 GENERATION

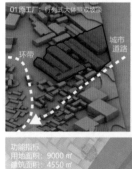
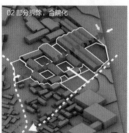

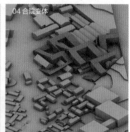

01 原工厂：行列式大体量双坡顶　02 部分拆除，合院化　03 竖向叠加合院　04 合院变体

功能指标
用地面积：9000 ㎡
建筑面积：4550 ㎡
容积率：0.54
建筑高度：14m
绿地率：20%

窑炉生产展示区：1700 ㎡
市集 + 展示：1850 ㎡
办公、会议室：500 ㎡
其余：500 ㎡

图注
1. 酒店民宿
2. 沿街商业
3. 沿环大师村
4. 陶瓷展览市集
5. 雨点釉博物馆
6. 原窑点
7. 艺术工厂

西立面

北立面

东立面

南立面

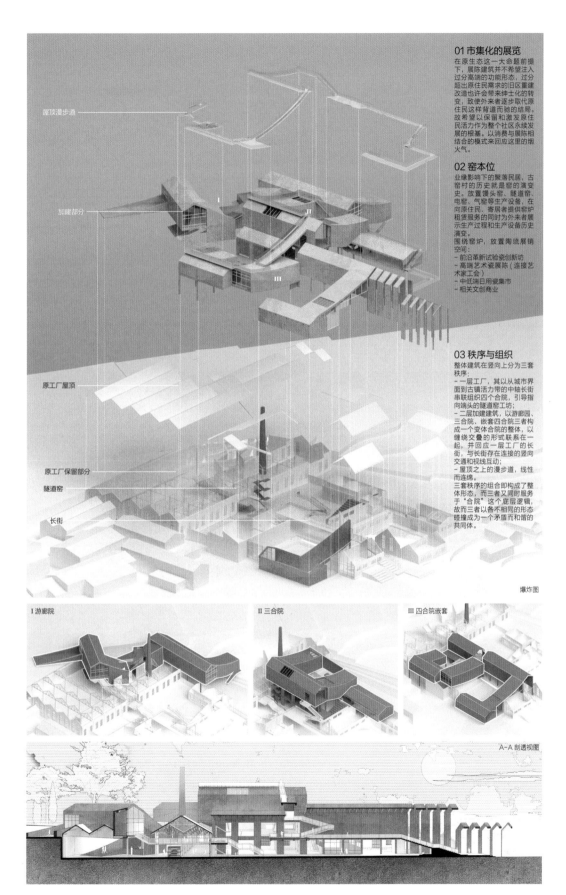

01 市集化的展览

在原生态这一大命题前提下，展陈建筑并不希望注入过分高端的功能形态，过分超出原住民需求的旧区重建改造也许会带来绅士化的转变，致使外来者逐步取代原住民这样背道而驰的结局。故希望以保留和激发原住民活力作为整个社区永续发展的根基。以消费与展陈相结合的模式来回应这里的烟火气。

02 窑本位

业缘影响下的聚落民居，古窑村的历史就是窑的演变史。放置馒头窑、隧道窑、电窑、气窑等生产设备，在向原住民、寄居者提供窑炉租赁服务的同时为外来者展示生产过程和生产设备历史演变。
围绕窑炉，放置陶瓷展销空间：
- 前沿革新试验瓷创新坊
- 高端艺术瓷展陈（连接艺术家工会）
- 中低端日用瓷集市
- 相关文创商业

03 秩序与组织

整体建筑在竖向上分为三套秩序：
- 一层工厂，其以从城市界面到古镇活力带的中轴长街串联组织四个合院，引导指向端头的隧道窑工坊；
- 二层加建建筑，以游廊园、三合院、嵌套四合院三者构成一个变体合院的整体，以缠绕交叠的形式联系在一起，并回应一层工厂的长街，与长街存在连接的竖向交通和视线互动；
- 屋顶之上的漫步道，线性而连绵。
三套秩序的组合即构成了整体形态，而三者又同时服务于"合院"这个底层逻辑，故而三者以各不相同的形态碰撞成为一个矛盾而和谐的共同体。

屋顶漫步道

加建部分

原工厂屋顶

原工厂保留部分

隧道窑

长街

爆炸图

Ⅰ 游廊院

Ⅱ 三合院

Ⅲ 四合院嵌套

A-A 剖透视图

一层平面

1. 门厅
2. 管理用房
3. 接待处
4. 寄存处
5. 纪念品商店
6. 序厅
7. 咖啡店
8. 临时展厅 1
9. 多媒体展厅
10. 临时展厅 2
11. 室内集市区
12. 仓储
13. 设备用房
14. 长街

0 10 20m

二层平面

1. 小报告厅
2. 展厅 3
3. 阶梯展厅 4
4. 管理人员会客室
5. 会议室
6. 次门厅
7. 展厅 5
8. 沿街景观公园

0 10 20m

三层平面

1. 阶梯展厅 4
2. 展厅 6
3. 露台
4. 屋顶长廊

0 10 20m

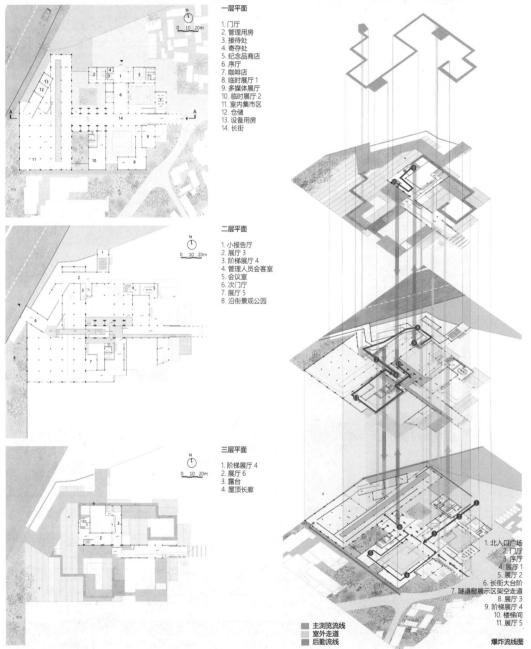

1. 北入口广场
2. 门厅
3. 序厅
4. 展厅 1
5. 展厅 2
6. 长街大台阶
7. 隧道窑展示区架空走道
8. 展厅 3
9. 阶梯展厅 4
10. 楼梯间
11. 展厅 5

■ 主浏览流线
□ 室外走道
■ 后勤流线

爆炸流线图

入口效果图

1	6
2	7
3	8
4	9
5	10

1 长街连廊
2 长街大台阶
3 长街灰空间
4 室外穿廊
5 拱廊
6 隧道窑市集
7 匣体广场市集
8 屋顶漫步道
9 阶梯琉璃展厅
10 精品陶展厅

隐·见
HIDDEN IN THE WILD, SEEN IN THE HUBBUB

设计者：张彦彤
指导教师：浦欣成　王卡
城市研究阶段合作者：潘翼舒　刘佳琪　庄可欣　陈晓苛
学校：浙江大学

Designer : Zhang Yantong
Tutor : Pu Xincheng Wang Ka
Team Member in Urban Study: Pan Yishu Liu Jiaqi Zhuang Kexin Chen Xiaoke
School : Zhejiang University

指导教师评语

张彦彤同学的设计，题名为"隐·见"，反映出一种矛盾性，一方面出于对老城的尊重建筑应隐于老城区；另一方面又希望建筑有所显现并以一定的标志性接洽新城区。设计总是在各种纠葛与矛盾的缝隙中去探寻答案。最后作者通过赋予建筑以传统聚落整体的意象来寻求其消隐，通过赋予建筑以整体性所达成的大尺度来谋求其显现。

方案通过变化的大屋顶、内庭院、巷道等传统形式语汇造就了一个传统建筑聚落的形式意象，从而使其融于老城。方案设计了一个具有连续性变化的大型坡屋顶，形成了一定的传统建筑聚落的意象。在中间围合成了一个大型庭院，庭院底层面向南侧的城市区块以及面向北侧的古城区块分别打开，引导人流在此中交汇。将屋顶下面的建筑体块分别离散，使其分裂成大小不一、丰富多变、相对独立的小型功能体块，并且在相互之间形成了宽窄不一、方向多变的巷道，连接了中间庭院与外侧道路，使该大体量建筑疏松化，丰富了行人的空间体验，并且增强了空间的可达性，提升了空间活力。

方案通过控制建筑的整体性而达成了较大的尺度感，用以谋求其显现；并通过一系列的反差手法消解了大尺度所带来的消极作用。在平面上，建筑外边界形态维持了一个规则的矩形，而中间内院的边界轮廓不规则，内外形成反差。在高度上，外边界的檐口平齐在 9m 高度，与规则的矩形同等严整，并舒缓地出挑了 2m 左右，与旧城鳞次栉比的坡顶形成一定的反差；而内界面的檐口高度从最低 6.5m 到最高 13.5m 之间进行纷乱而不规则的变化，形成了一种较为自由而激越的现代性方式，但将其限定在内部，使其具有一定内敛性，内外之间也形成了从纷乱到严整的反差。通过这些反差的形式手段让大尺度建筑变得更为生动。

这一设计从问题的提出到一定程度上的解决，思路较为清晰。在这一过程中，大屋顶的推敲耗费了较大的精力，最后在形式的逻辑以及表达上均具有不俗的表现，其中的渲染图也比较准确地表现出了这一形式具有的张力。

1. 住宅用地 RESIDENCE
TYPE01 建国初期民居

TYPE02 70年代末-90年代时期民居

2. 工业用地 INDUSTRY
以长条式砖混平房为主
TYPE03

TYPE01
以合院形式为主,多为三合院院子较为狭小。建筑多为一层。外立面材料以砖材和石材为主,部分在后期采用砂浆进行粉刷。

TYPE02
建筑群内建筑排列整齐,道路宽敞。建筑多采用钢筋混凝土结构。院落形式不再是合院制。外立面开始采用面砖贴面。建筑为一层或二层。

TYPE03
高度:3m-6m
层数:1-2层 屋顶:双坡
布局:行列、L形围合
夹杂少量中大型体量钢构厂房、点式砖混平房

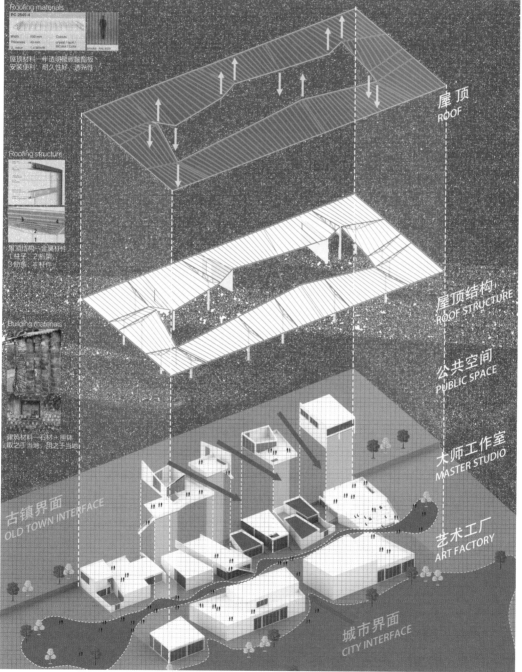

屋顶
ROOF

屋顶结构
ROOF STRUCTURE

公共空间
PUBLIC SPACE

大师工作室
MASTER STUDIO

艺术工厂
ART FACTORY

古镇界面
OLD TOWN INTERFACE

城市界面
CITY INTERFACE

隐于古镇，见于尘器

颜神古镇的西南角出现了大规模的城市肌理（建筑功能多为陶琉工厂）和小规模院落式古镇肌理（建筑功能多为居住）共存的城市形态，既现实又矛盾。而同时，现在的发展趋势逐渐转向由城市空间向古镇空间侵入蔓延。基于现有背景，本设计方案探讨了两种肌理和谐共存的建筑形式。希望该设计可以隐于古镇，见于尘器，为陶琉艺术创作者提供一个自由活跃的工作环境。

隐 – 以小尺度院落空间、传统聚落整体意象来寻求消隐，与小肌理的古镇、狭小的巷道相呼应链接；

见 – 赋予建筑以整体性所达成的大尺度来谋求显现，给予该场地特殊的空间归属感，与另一侧大尺度的城市建筑相协调。

体块生成

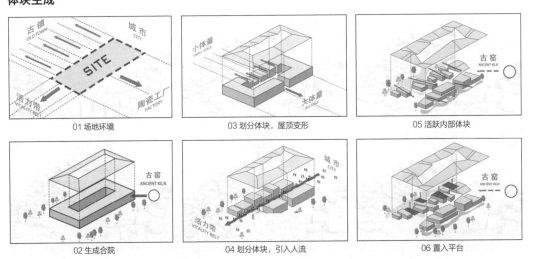

01 场地环境

03 划分体块，屋顶变形

05 活跃内部体块

02 生成合院

04 划分体块，引入人流

06 置入平台

古窑与南入口关系

从场地看向古镇

场地内界面关系

屋顶与古镇的关系

1 陶琉学堂　　2 制作间　　　3 储藏室　　　4 办公室　　　5 共享办公
6 展销空间　　7 大师工作室　　8 交流讨论空间　　9 内部院落　　10 陶琉展演区

2.500m 标高平面图

1. 地势高差分析　　　　　　　2. 功能分析　　　　　　　3. 流线分析

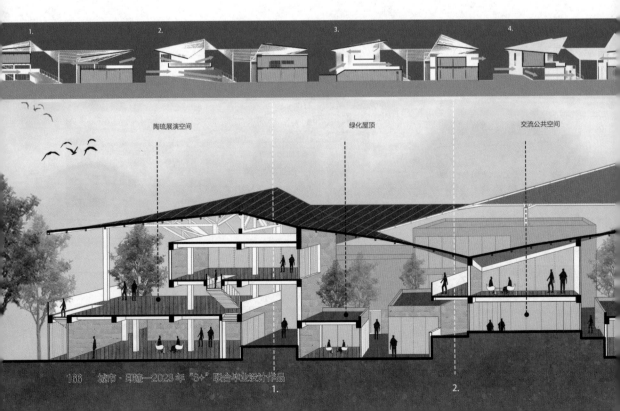

陶琉展演空间　　　　　　　　　绿化屋顶　　　　　　　　交流公共空间

总平面图

1 制作间
2 储藏室
3 办公室
4 公共空间
5 展销空间
6 卫生间
7 上人平台
8 绿化屋顶

1 Production
2 Storage
3 Offices
4 Public communication space
5 Exhibition
6 Toilets
7 People Access Platform
8 Green roofs

经济技术指标：
总建筑面积：3250m²
用地面积：5500m²
占地面积：2450m²
容积率：0.6
建筑密度：45%
绿化率：34%

5.000m 标高平面图

7.500m 标高平面图

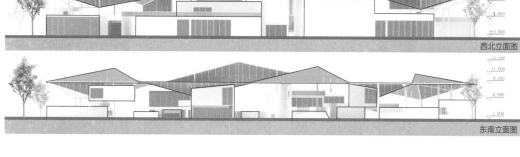

西北立面图

东南立面图

古镇与场地有着 2m 的高差，因此古镇与场地产生了更有趣的互看关系和空间关系。不同的纵剖面体现了不同的空间渗透关系，希望可以借由丰富的地势关系将人流从各个方向引入，通过狭长的坡道、宽敞的平台、室内艺术交流空间等进入中间庭院，避免高差带来的隔阂感，让更多的人群可以参与其中。横剖展示了靠近古镇一侧丰富有趣的建筑空间，与大屋顶的起伏变化产生此消彼长的关系，带给使用人群以和谐统一而又自然亲人的空间感受。

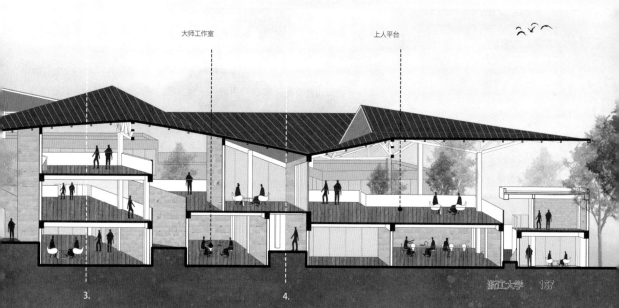

大师工作室

上人平台

3.

4.

六窑
SIX TEMPLES, KILN GODS ACCOMPANYING

设计者：孙硕琦
指导教师：王卡　浦欣成
城市研究阶段合作者：姚双越　张嘉楠
学校：浙江大学

Designer : Sun Shuoqi
Tutor : Wang Ka Pu Xincheng
Team Member in Urban Study : Yao Shuangyue Zhang Jianan
School : Zhejiang University

指导教师评语

作品在 8 人小组完成的城市设计导控下，聚焦片区内一块高台农田及邻近的院落遗存展开设计研究。基于 8 人小组城市设计提出的"自组织更新"概念以及 3 人小组提出的"后农业文明"的视角，巧妙策划了"窑神崇拜"系列活动，并将其落位于高台农田与邻近院落遗存的空间互动。设计组织有创意且具有可行性，面对复杂对象，提出自上而下"基底"控制与自下而上原住民灵活改造的双向设计策略，既保证了大格局又留住了遗存及其活态。设计态度鲜明有力，无论农田还是院落都做到了对场地的最小干预。而 22 块田对应 22 个院落、6 座陪祀神殿对应 6 座窑院的做法，虽然稍显刻意但较大程度地建立起了"田—院"联系，也激活了整个片区。

陪祀神殿（陶文化会馆）的设计在尽可能减小体量的前提下，充分利用了高台农田的自然高差，结合对当地传统馒头窑的解构，提供了令人兴奋而又有玩味余地的空间体验。而 6 座院落中植入的新材料建造的馒头窑，则将这种体验感较好地扩展至整个系统，不仅重现了"一院一窑"的双生一体的生活方式，更是在片区层面引发原住民、游客和陶艺工作者对建筑空间和形态的关注。

这个隐含着"废墟美学"意图的设计，尽管有一些在营造实现以及跟周边衔接上的不合理性，以及面对多元主题复杂系统时暴露出来的设计能力不足，但仍不失为一次有价值的毕设探索。

总平面图

总用地面积：20638m²
山地用地面积：14213m²
总建筑面积：1826m²
其中 展厅：673m²；报告厅：333m²
大师工作室：149m²；公共卫生间：71m²
山地建筑密度：0.115
容积率：1:13
建筑层数：1F*3+2F*3
作物种植面积：经济林*6：1013m²；桃 杏：1825m²
小麦：1572m²；蔬菜：606m²
艺术装置面积：63m²*6

窑神崇拜作为一种多神崇拜，大体上可以分为自然神与人物神两大类。在淄博传统窑神崇拜中的人物神"窑神"主要指舜帝。而作为自然神的陪祀神除了全国其他地区窑神庙普遍供奉的风、火、水、木、金五行自然神之外，还出现了独具地方特色的自然神"黑山神"即"煤神"，这一神祇的出现根植于淄博地区丰富的煤炭资源和从北宋时期就开始使用煤炭烧造陶瓷的悠久历史。

窑神崇拜中的自然神地位虽然降于人物神之下，但自然神的崇拜范围更广。陶瓷生产过程中，要开山动土、粉碎和泥、烧火引风，诸必需条件被神格化，神灵们各司其职，在主神的支配下完成陶瓷的烧造。将自然要素神化，一方面暗含着陶瓷从业者对于烧制成功的殷切期盼，另一方面这些自然神也是陶瓷行业不同工种人员的化身。

"瓷成以窑，神实相之，故首祀窑神；凿山而求，故配以水神；鼓而用风，故配以风神；炼之用火，故配以火神。一瓷器而诸神集焉，合祀之以云报也。"
——博山区万山村万山窑神庙碑云

窑神崇拜除了表达了从业者求神保佑、祈福禳灾的诉求之外，由窑神崇拜凝聚的行业组织也成为从业者谋求利益、交流和展示技术的重要平台。因此，我们希望在窑神庙旁的农田上建造六个陪祀神的神殿，联合山下的22个院子，追溯淄博陶文化中重要组成部分——窑神崇拜文化的同时，打造一个当地领军企业与工艺大师宣传展示制陶工艺、游客活态体验制陶流程的陶文化会馆。

山头镇窑神庙历史发展图

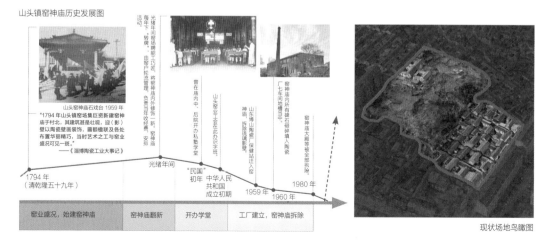

现状场地鸟瞰图

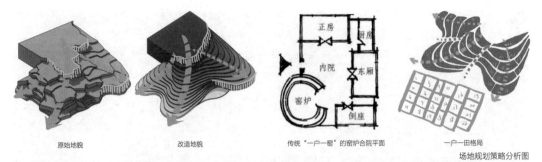

原始地貌　　　　　　　改造地貌　　　　　传统"一户一窑"的窑炉合院平面　　　一户一田格局

场地规划策略分析图

农田地貌重塑：基于原有的山脉走势及因建造行为形成的两大断崖，采用曲线的梯田形式缓和农田与村落之间矛盾的同时，均匀而平缓的坡度也为农业活动及游客游览提供了便利，构成面向城市的自然展示面基底。

"一户一田"：将山上梯田划分成22块农田，与山下22户院子形成"一户一田"的纽带关系。山下22户院子原住民基本都已迁出，拟将院子出租，作为艺术家工作室使用。"一户一田"策略将院子与农田紧紧联系在一起，作为城市基底中的农田斑块借由此项目探索城市与农田的新型关系。山上的农田可由租户和原住民共同使用，也可由一方单独使用。

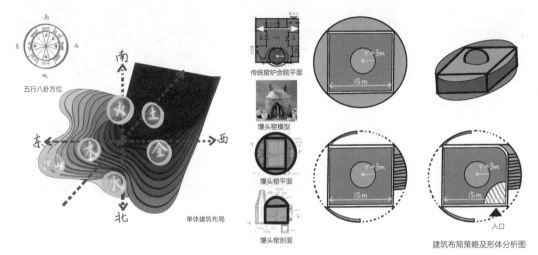

五行八卦方位　　　　　　　　　　　　传统窑炉合院平面
　　　　　　　　　　　　　　　　　馒头窑模型
　　　　　　　　　　　　　　　　　馒头窑平面
　　　　　　　　　　　　　　　　　馒头窑剖面

单体建筑布局

建筑布局策略及形体分析图

建筑布局及形体：利用自然神其自然属性与五行八卦的对应关系，确定山体方位与六大神殿的对应关系。从传统窑炉合院的平面布局及尺度出发的同时，提取馒头窑的形体要素，构成单体外圆内方，上圆下方的形体。同时通过室外楼梯、片墙、弧形入口空间进行形体重构。

内部空间：以穹顶下方形空间为单体核心空间，一方面通过穹顶的方位暗示神祇属性，另一方面结合山地与层高，形成"阶梯展厅/多功能厅"×"L形/一字形阶梯"的丰富平面形态。

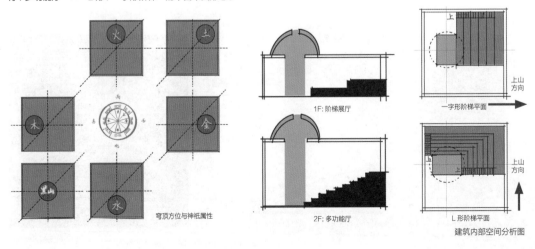

穹顶方位与神祇属性　　　1F: 阶梯展厅　　　一字形阶梯平面
　　　　　　　　　　　　2F: 多功能厅　　　L形阶梯平面

建筑内部空间分析图

作物种植分析：

经济林　桃、杏　小麦　蔬菜

金神庙 5-5 剖面图 1:200
水神庙 1-1 剖面图 1:200
黑山神庙 6-6 剖面图 1:200
水神庙二层平面图 1:200
水神庙二层平面图 1:200
金神庙一层平面图 1:200
黑山神庙一层平面图 1:200
木神庙一层平面图 1:200
神庙 4-4 剖面图 1:200
火神庙 3-3 剖面图 1:200
木神庙 2-2 剖面图 1:200
土神庙一层平面图 1:200
火神庙一层平面图 1:200
土神庙二层平面图 1:200
火神庙二层半面图 1:200

院落改造策略

基于传统窑炉合院"一户一窑"的布局特征，结合艺术家工作院落群的改造功能导向，我们希望在 22 个院子内布置 22 个窑炉。其中 6 个为基于传统缸窑特征的艺术装置，与山上的 6 个神殿形成遥相呼应的关系，同时也作为游客活态体验制陶流程的坐标。

依据院落面积大小、临山、临路的情况排除了 8 个，从剩余的 14 个院落中按自愿报名情况选择 6 个院子建造装置。对于其他未建造艺术装置的院子我们也按照其面积大小给出对应窑炉的建议（如右表所示）。

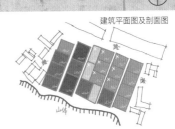

建筑平面图及剖面图

院落面积核算及艺术装置推荐图

院落序号	面积/m²	面积范围/m²	数量	占比	推荐窑炉形式/m²
1	166				
2	168	160~180	3	14%	
3	174				
4	186				
5	189				
6	191				抄货窑（R：1.5m）巧货窑（R：3~4m）碗窑（R：5~7m）
7	192				
8	196				
9	196	180~220	11	50%	
10	197				
11	201				
12	205				
13	216				
14	218				
15	242				
16	243				
17	257				缸窑（R≥10m）
18	258	240~270	6	27%	
19	258				
20	265				
21	302	300~320	2	9%	
22	324				

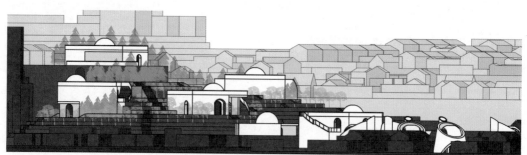

东立面图

鸟瞰图

艺术装置策略

基于传统馒头窑的"内外双墙、外圆内方、上圆下方、后有烟囱"的结构特征将窑炉抽象成内外两组几何形体。为了更好地展现窑炉的结构特征,将外部形体进行斜面切割,增加采光的同时也暴露内部结构;内部形体增加窗墙比的同时也将作为艺术家客厅,为周边艺术家工作室提供公共服务。

传统馒头窑结构分析

外部形体斜面切割分析

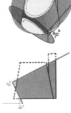

艺术装置结构分析

艺术装置分析图

北 京 建 筑 大 学

BEIJING UNIVERSITY OF CIVIL ENGINERRING AND ARCHITECTURE

北京建筑大学

学生团队

1 古韵悠长 重焕新生

颜神古镇片区中仍有许多应该延续的元素，等待重获新生。

2 陶艺蕴彩 溯源回流

河流作为陶瓷技艺最明显的标志，既是文化的象征，也是艺术的传承。作为文化标识，在陶艺发展中熠熠生辉，创造颜神新的活力。

3 窑火千年， 陶成璃铸

陶、琉之路是本次设计中的明暗双线。蜿蜒的琉璃之路像飘带一样穿插在建筑中；而曲折的陶瓷之路则隐匿于地面之上、建筑之中。

田宇航

霍光大

白雨霏

邓斌彬

侯占民

康天骄

柳汀洲

芦乐

王浩程

史博先

杨启祥

王宇轩

指导教师

马英

晁军

教师寄语

本组成员在此次毕业设计课程阶段中，全身心参与小组活动，小组课程及最终汇报。在初期城市设计理论的文献研究阶段，三位小组成员均较深入地学习和总结本组所选定的理论题目，并根据相关理论寻找对应的实际案例，这样对于理论文献进行了更为直观的学习，可以更好地运用到今后的城市研究及城市设计中。在调研阶段，同学们互帮互助，对于场地中重要的历史建筑及地块进行了现场测绘，用速写及照片记录等方式记录了场地现状、数据，为今后城市设计阶段和建筑设计阶段打好基础。在城市设计阶段，同学们可以很好地运用之前研究的理论，积极参与课堂讨论，对于老师们提出的建议可以及时参照进行修改，

并且提出自己的一些见解，与老师们进行讨论，循序渐进。在建筑设计阶段，同学们根据前期调研分析和个人兴趣各自选择建设基地和项目，通过不同的方式将场地的历史文脉与建筑设计进行关联、融合，很好地挖掘了当地陶琉文化，并与建筑设计进行结合，最终都取得了不错的毕业设计成果。

希望大家今后继续努力，增加前期调研阶段活动的深度，强化建筑结构、建筑技术与建筑形体的同步，不断深化和完善方案。希望大家不忘初心，继续前行，无论在学习中还是在生活中，都把"实事求是，精益求精"的校训牢记心中。祝贺大家！

集体照片

旧厂与新生
REJUVENATE OF THE POTTERY FACTORY

设计者：田宇航
指导教师：马英　晁军
城市研究阶段合作者：邓斌彬　柳汀洲　史博先
学校：北京建筑大学

Designer : Tian Yuhang
Tutor : Ma Ying Chao Jun
Team Member in Urban Study : Deng Binbin Liu Tingzhou Shi Boxian
School : Beijing University of Civil Engineering and Architecture

指导教师评语

该生在毕业设计地块选择中，有自己的独到见解。对于当地历史文化及建筑文脉有准确的理解，文脉故事线阐述具有逻辑性。对于方案设计，有着较强创新设计能力，设计符合功能需求，造型简洁新颖；对于建筑空间进行了深入思考，可以妥善处理好不同尺度空间之间的关系，同时有效组织了建筑流线；图纸表达方面具备良好的叙述逻辑和出色的图面表现能力，能够更加直观地表现设计意图。希望该生今后可以进一步总结经验，对场地历史文脉进行更深层次的探究，加强历史文脉与建筑设计之间的连贯性；对建筑结构、技术层面进行更深程度的探究，使得方案设计更具可实施性和落地性。此外，希望对于场地内部原有建筑增加量化评估，并更多考虑原有居民对这些建筑的态度，提出更佳的设计策略。

项目简介

本项目位于山东省淄博市博山区颜神古镇片区。山东省淄博市博山区颜神古镇片区位于北纬36°22′，东经117°1′，处于暖温带季风气候区，四季分明，春季温和，夏季炎热潮湿，秋季凉爽宜人，冬季寒冷干燥。

颜神古镇，经历过辉煌，也一度没落破败，如今又重焕生机。自北宋开始，当地百姓即以制作陶瓷为生，并因地制宜将陶瓷辅材用于建筑之上，形成了古镇独一无二的街巷与建筑风情。新中国成立后，这里曾有全国最大的陶瓷生产企业——山东博山陶瓷厂，几乎家家户户都烧制陶。烟囱、陶窑曾是这座重工业城市典型又特殊的风景，1954—1956年期间，博山地区36家大小陶瓷生产作坊陆续改为公私合营，1959年博山陶瓷厂正式成立，国营工业化陶瓷大生产时期到来，淄博陶瓷在全国率先进入机械化生产阶段。此后，博山美术琉璃厂成立，这是当时全国唯一一家美术琉璃厂。美琉厂的产品基本上以出口为主，至2003年，改制之后的美琉厂因经营不善破产倒闭。

山东省淄博市博山区颜神古镇一期改造项目旨在挖掘、保护和传承颜神古镇独特的历史文化底蕴，提高古镇的整体形象和品位，促进古镇旅游业的发展和经济繁荣。该项目包括以下内容：

1. 文化遗产保护和修缮
颜神古镇是一座有着悠久历史和浓厚文化氛围的古镇，项目将对古镇内的传统建筑、历史文物和文化遗产进行保护和修缮，以保持其原有的历史风貌和文化内涵。

2. 旅游配套设施升级
为了提升颜神古镇的旅游品质和游客体验，项目将对古镇内的旅游配套设施进行升级和改造，包括游客接待中心、停车场、公共厕所、游客休息区等。

3. 商业配套设施建设项目
将新建商业街和特色小吃街，为游客提供更加丰富的购物和美食选择，同时增加古镇的商业活力。

4. 环境卫生改善
为了改善古镇内的环境卫生状况，项目将加强垃圾分类管理，改善道路和公共场所的清洁卫生状况，提升古镇整体的环境品质。

5. 公共安全设施建设
为了保障游客和居民的人身财产安全，项目将建设公共安全设施，如监控设备、消防设施、应急救援设施等。

场地现状介绍

颜神古镇窑炉细节

场地内部有诸如郑老师的店、第五车间等已经开发利用、修缮的历史建筑，同时还有诸如刘家大院等仍然处于弃置状态的建筑。

对于场地中的居民来说，真正需要延续的是什么，真正需要活化的又是什么，这需要我们深入思考。

场地中有许多废弃窑炉，位于溪园宾馆的已经改造成为酒窖，而在一些未改造的窑炉中，仿佛可以透过洞口看到从前。

场地现状

场地内部现状及形体生成

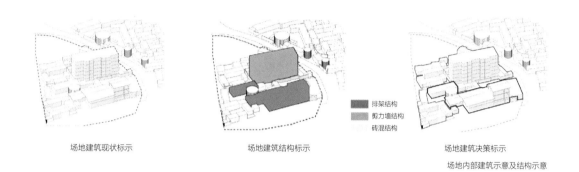

场地建筑现状标示	场地建筑结构标示

排架结构
剪力墙结构
砖混结构

场地建筑决策标示

场地内部建筑示意及结构示意

　　场地内部建筑呈现三种肌理状态，分别为整体型肌理、厂房肌理及民居肌理。首先根据场地内建筑肌理现状及场地中建筑结构类型分析，进而可以根据需求及经济因素考虑对场地内部既有建筑进行改造。

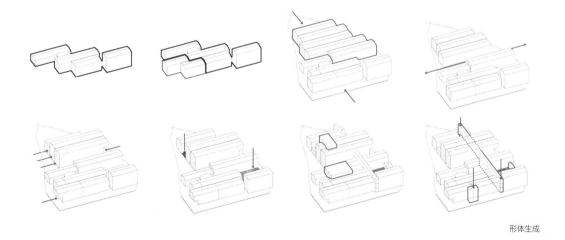

形体生成

　　通过场地中保留的建筑，提取出场地中建筑的横向元素，在场地中进行阵列、复制，同时在场地中部留出主街，与城市设计阶段主街相连接。同时根据场地周边既有环境及场地周边现状，推算出场地周边人流集散状况，将建筑形体进行退让，留出集散广场。最后置入交通空间与内部庭院。

鸟瞰效果图

在建筑中，玻璃与钢结构强调窑炉的独立空间，同时我们利用灯光模拟技术重现窑炉曾经仍在工作的状态。对于建筑材料的选择，采取红砖为主，契合厂房及场地周边原有建筑的材质，同时将厂房的工业构架外化，展现其曾经的工业历史。

总平面图

根据现有环境及城市设计更新后的环境，拟定建筑设计用地与颜神古镇西侧入口相邻。同时场地南侧设置绿化，与未开发区域进行分隔，同时为艺术家提供良好的居住环境。

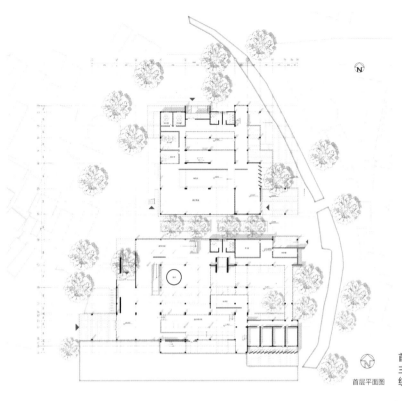

首层平面图

首层功能以接待、展览、创作为主。以窑炉展厅为核心空间，围绕其进行其他功能布置。

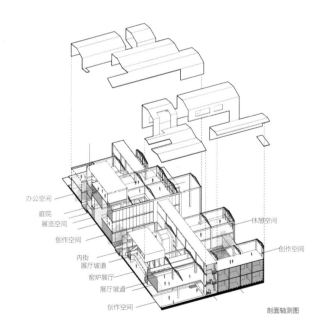

办公空间
庭院
展览空间
创作空间
内街
展厅坡道
窑炉展厅
展厅坡道
创作空间

休憩空间

创作空间

剖面轴测图

对既有窑炉加以改造和利用，将改造后的窑炉展厅作为核心空间，将其他功能及空间围绕此展厅进行排布，形成较为丰富的空间体验。

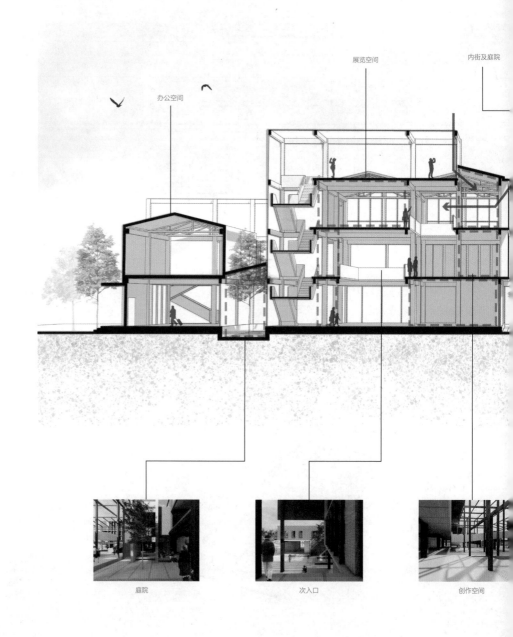

办公空间

展览空间

内街及庭院

庭院

次入口

创作空间

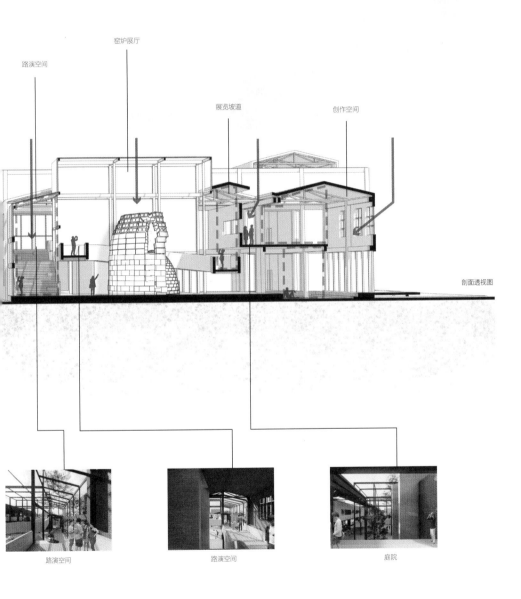

路演空间

窑炉展厅

展览坡道

创作空间

剖面透视图

路演空间

路演空间

庭院

溯流之陶
TRACING CERAMICS

设计者：霍光大
指导教师：马英　晁军
城市研究阶段合作者：芦乐　侯占民　杨启祥
学校：北京建筑大学

Designer : Huo Guangda
Tutor : Ma Ying Chao Jun
Team Member in Urban Study : Lu Le Hou Zhanmin Yang Qixiang
School : Beijing University of Civil Engineering and Architecture

指导教师评语

该生在毕业设计地块选择中，尤其重视陶琉技艺的发展。对地块中的河流理解较为充分，对于当地建筑与历史文脉有着正确的理解。该生设计理念切合主题，表意鲜明，突出主题。在设计中，该生积极探究当地历史元素与符号，并将其作为印记，运用到建筑中来，着重体现建筑的在地性。在方案设计中，造型能力较强且体量分散，选用坡顶，尊重所选地块原有肌理；功能分区明确，流线清晰，服务与被服务空间分割清晰。在图纸表达方面上，注重其叙事连贯性，有较强的图面表现能力，分析图清晰表达设计理念。希望该生今后可以进一步总结经验，发掘历史与建筑更深层次的纽带关系，强化陶琉文化的技艺特征，让方案的在地性理由更加充分。同时更应注意场地已有调研信息，着重考虑原居民对于原有建筑的情感，如何在维系怀念感的同时进一步传承陶琉文化。

节点分析图

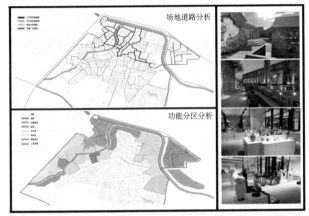

场地道路分析

功能分区分析

场地分析图

设计理念

通过对新石器时代早期的横穴窑到清代的葫芦窑的制陶窑体空间的重现，我们重新在现代语境下讲述陶琉文化。为了串联起这条故事线，我们决定对现有利用不佳的岳阳河以及场地内河流重新进行设计与改造，在打通交通环节后，我们对现有的功能进行了拓展，沿河打造新的景观与功能游览路线。为此我们设想了一些河流与城市和古镇交流的方式，有古镇内部河流与老房子的交融，有河流与城市结合的公园，也有河流与新建建筑碰撞出的新生机，在河流与新建建筑之间，我们希望积极地引入河流，与建筑产生多变的对话。

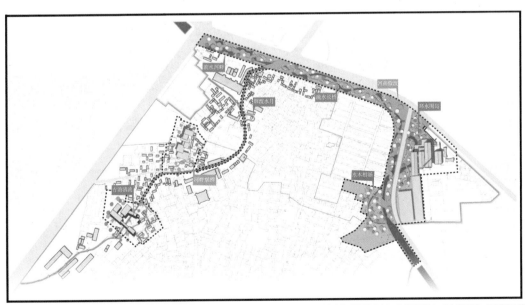

以河流为线索，陶瓷为主题，追寻陶艺文化，选取四个节点，放大空间特色，再现陶瓷工艺

概念引入

采用本土材料匣钵和琉璃砖

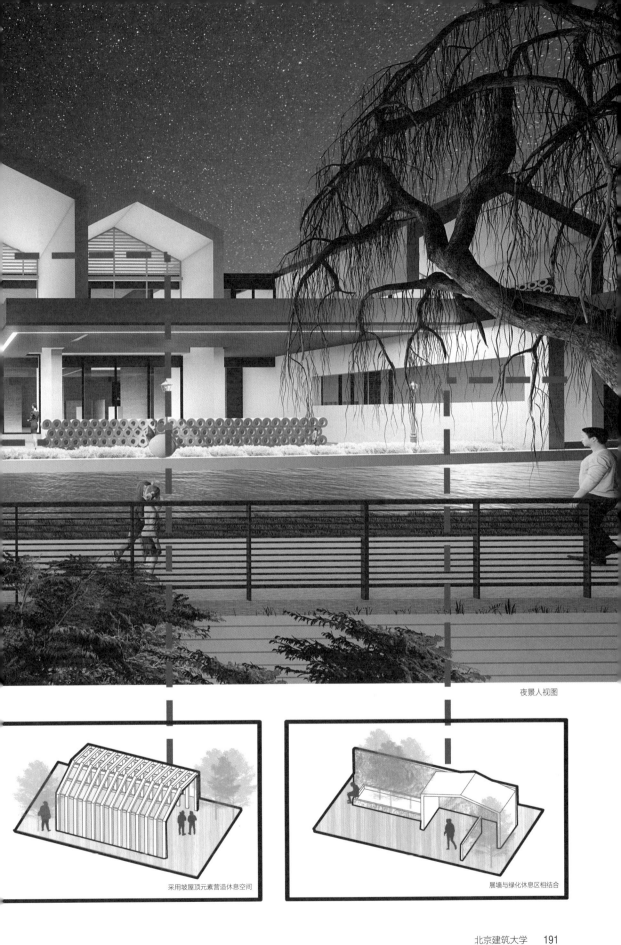

夜景人视图

采用坡屋顶元素营造休息空间

展墙与绿化休息区相结合

轴测表现图

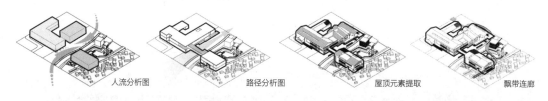

人流分析图　　　　　路径分析图　　　　　屋顶元素提取　　　　　飘带连廊

功能分区图

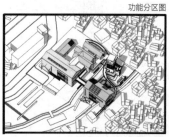

人流导向图

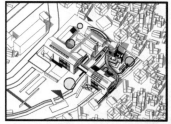

景观分析图

总平面图

技术经济指标

用地面积：	12000m²
总建筑面积：	6000m²
建筑用地面积：	4200m²
绿化面积：	4200m²
容积率：	1.43
绿地率：	45%
建筑密度：	50%

跨河相连

以河流为飘带，顺应河流走势，将河流贯穿于建筑中，追忆陶瓷制作工艺流程，重现博山颜神陶瓷制作过程。

设计构思

颜神古镇作为山东省博山区淄博市一处具有陶琉文化特色的古镇，是整个城市的地标性建筑群落，是传承与发展陶琉文化最重要的载体，同时也是回顾陶琉文化历史最直接的载体。本设计以制陶建筑为纽带，呼应场地已有的馒头窑。设计的地块位于整条演变线的起始端，在这一端主要展现整个制陶建筑的文化，作为整条路线的铺垫。结合始端具有高差的横穴窑和竖穴窑，使演变路线贯穿于整个展览路线。

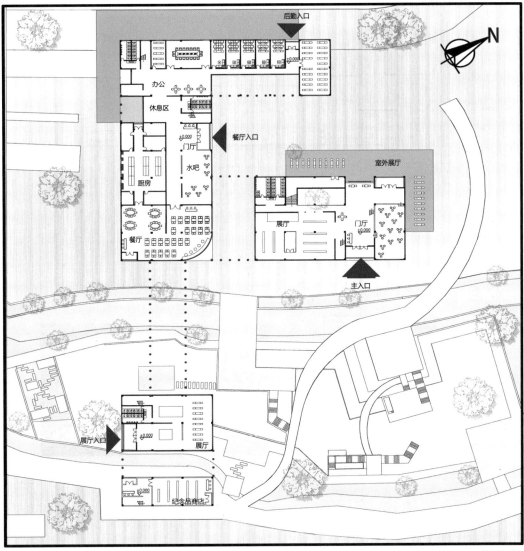

首层平面图

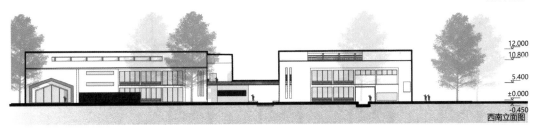

西南立面图

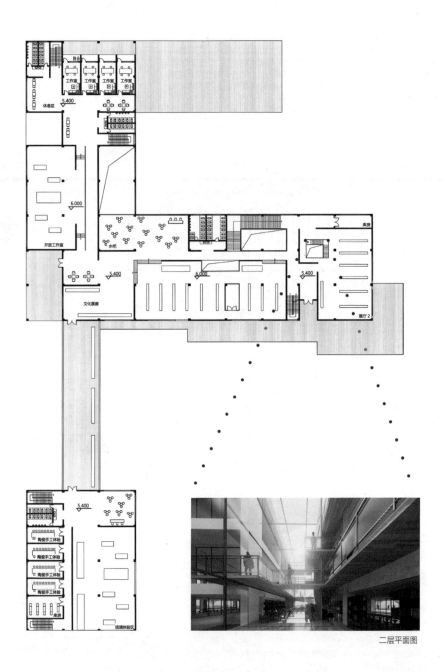

二层平面图

元素提取——横穴窑

横穴窑是在生土层中掏挖修制而成的，由火膛、火道、火眼、窑室等部分组成。火膛狭长、呈甬道状，后部设火道。窑室于火膛的前方或斜前方，平面呈圆形，直径1米左右，室壁上部逐渐收缩，封顶留出排烟孔。在窑室底部、窑床上设置火眼，均匀分布于周围。

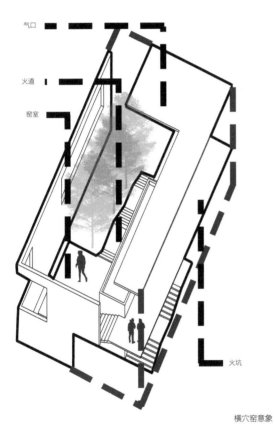

横穴窑意象

局部透视图

剖面图

广场人视图

广场构思

广场主要服务的对象是当地居民与前来参观的游客。
将建筑内展厅与广场相连，增加室内外空间渗透。
广场属于半围合式，既满足停留也满足通行。
广场作为建筑中心，可激活整个建筑功能。

入口人视图

东南立面图

流线总体分为三种，分别后勤、游览、体验流线。
功能分区以体块划分为主，不同的体块有着不同的
功能，但体块之间相互联通。其中体验区的体块以
河流穿过建筑为特色，展览区临近河流。
艺术家工作室则靠近后勤，避免人流间的相互交叉，
产生干扰。

流线表现图

剖透视图

中 央 美 术 学 院

CENTRAL ACADEMY OF FINE ARTS

中央美术学院

周宇舫

王环宇

王文栋

苏 勇

刘文豹

刘焉陈

1 陶墟觅迹 琉青璃润

多样体验作为唤醒场地活力的刺激点，以此延续古镇传统命脉，使其在当代重新绽放光彩。

刘煜潇

李 响

宋晨曦

2 活化重生 数字颜神

用数字展销和娱乐场景的模式给传统文化注入新的活力，重新赋予其使用场景和文化意涵，使之融入现代生活。

陈 明

韩雨桐

3 古镇颜神 不止于此

以游客体验为主线，空间为载体，用建筑描绘古镇的过去、现在与未来，带游客体验古镇的前世今生与他朝。

张思瑶

曹施熠

叶世续

4 琉彩绽蕴 山河同辙

城市之崖作为地块的设计重点，作为风貌特殊的地标，在城市更迭发展中成为新的印迹。

何思源

孙欣然

熊子珺

贾宜霏

教师寄语

这一届同学是幸运的，历经前 3 年的线上活动，终于有了线下 9 所学校师生的完整互动，特别是突如其来的"淄博烧烤"，给予今年"8+"联合毕业设计特殊意义，与这个必将载入淄博城市史册的年份关联在一起。当我在央美的美术馆里打出巨大的"淄博颜神"四个字的时候，有一种莫名的慰藉。就在毕业设计的最后一周，央美决定建筑学的作品以模型为主，同学们为此付出了最大的努力，在 1.5m 见方的模型台上，营造了富有想象力和创新性的空间展示作品，吸引了数以十万计的观众，为央美毕业生举办了人生中的一场盛宴。学生的作品十分多元，也回应着各自的思考。我们回答不了什么才算是建筑的问题，但回答了展览可以是建筑作为艺术的一种表达和表现。

毕业设计总是会留有遗憾的，好在今天我们都相信大学的教育是人的培养，一个阶段性的作品并不能代表全部，更何况这届的同学是在老师们的引导下，努力超越自我，寻回初心。

——周宇舫

央美建筑学院第八工作室的四位同学在设计中希望通过采取新旧并置、修复生态、延续记忆、重塑文化的设计策略实现颜神古镇的再生。具体而言，新旧并置就是保留了基地中具有历史价值的老街区，而围绕古镇南侧边缘的农田区进行新区建设；修复生态就是最大限度地保留农田，并在新旧区之间保留生态廊道；延续记忆包括两个方面，一是在场地中分别叠加场地周边城市道路和建筑的轴网，作为基地道路和建筑布局的依据，二是在空间布局中重现古镇生活空间围绕生产空间的向心布局空间图式；重塑文化就是针对古镇未来游客以年轻人群为主的判断，分析其需求以及古镇未来的发展定位，在基地周边的功能斑块中植入商业、剧场、酒店、文创、艺术教育等新的文化功能，这些新的功能结合古镇保留的传统功能，共同促进古镇功能的转型发展，消解传承和保护之间的矛盾，以新旧融合的方式，实现历史、现在与未来，文创艺术与商业经营、休闲生活的完美融合。

——苏勇

中央美术学院 2023 届"8+"毕业设计联合教学活动师生合影

毕业创作展览
GRADUATION EXHIBITION

像元活化解码器 — 颜神古镇陶琉展销空间设计
DECODER OF PIXEL ACTIVATION

设计者：陈明
指导教师：周宇舫　王环宇　王文栋
城市研究阶段合作者：韩雨桐
学校：中央美术学院

Designer : Chen Ming
Tutor : Zhou Yufang　Wang Huanyu　Wang Wendong
Team Member in Urban Study : Han Yutong
School : Central Academy of Fine Arts

指导教师评语

电商时代，产业与商务模式的变革必定带来建筑功能与空间的变化。这个具有探索性的设计，尝试了以传统瓷窑的建构形态来建构一个通用型的建筑空间，将通过网络直播为主的销售模式与线下展览模式相结合，更新利用原有厂房作为仓储空间，形成了一条完整的销售链。颜神古镇在历史上是以家为单位的产销模式，可以说本身即是一种淘宝村的模式。本方案的建筑设计的特点在于其拱顶的整体形态，既传统又有新意。诗意的生存，是在传承中的与时俱进，自得其乐。

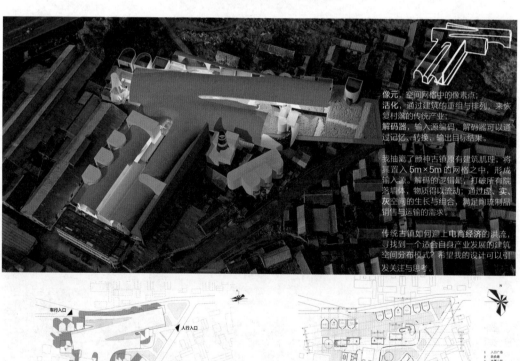

像元，空间网格中的像素点；
活化，通过建筑的重组与排列，来恢复村落的传统产业；
解码器，输入源编码，解码器可以通过记忆、转换、输出目标结果。

我抽离了颜神古镇原有建筑肌理，将其置入 5m×5m 的网格之中，形成输入源。解码的逻辑是：打破所有院落墙体，物质得以流动；通过虚、实、灰空间的生长与组合，满足陶琉制品销售与运输的需求。

传统古镇如何迎上电商经济的洪流，寻找到一个适合自身产业发展的建筑空间分布模式？希望我的设计可以引发关注与思考。

地下一层平面图 1:100

首层平面图 1:100

整个建筑是商业街，
是闻场直播空间，
是仓库，
是物流集散中心，
是统个颜坤古镇未来的经济体。

室内效果图

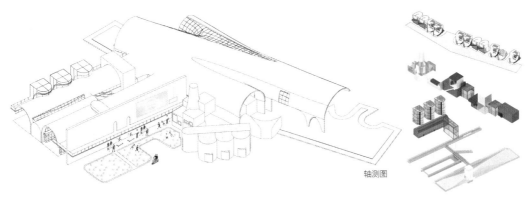

轴测图

空间分析图

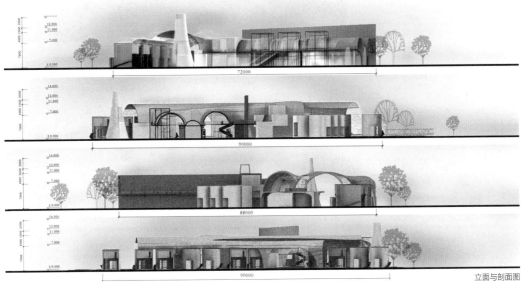

立面与剖面图

废墟记忆——颜神古镇游客中心设计
DESIGN OF THE YANSHEN TOWN TOURIST CENTER

设计者：刘煜潇
指导教师：周宇舫　王环宇　王文栋
城市研究阶段合作者：李响　宋晨曦
学校：中央美术学院

Designer : Liu Yuxiao
Tutor : Zhou Yufang　Wang Huanyu　Wang Wendong
Team Member in Urban Study : Li Xiang　Song Chenxi
School : Central Academy of Fine Arts

指导教师评语

废墟，是建筑最为纯粹的一种状态，也是一种失落。人去屋空，短短几年就荒芜凋敝，让不期而遇者用敬畏之心探寻曾经的一切日常和时光的流逝。在这个具有时间性的设计方案里，建构了一个垂直的时间关系，中间木构形成的架空层，诗意地连接了大地、废墟、过去的时光和当下以及天空、自然和未来。建筑在这里不是矗立在土地上，而是自大地与曾经的建筑中生长出来，在开放的空间中，体会自然的另一种状态，甚至可以忘记建筑的存在。诗意的栖居，就是让自己融入自然和时光之中。

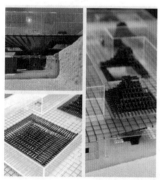

模型效果

场景效果图

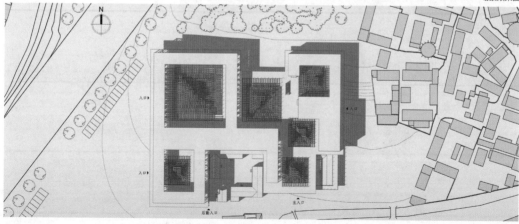

总平面图

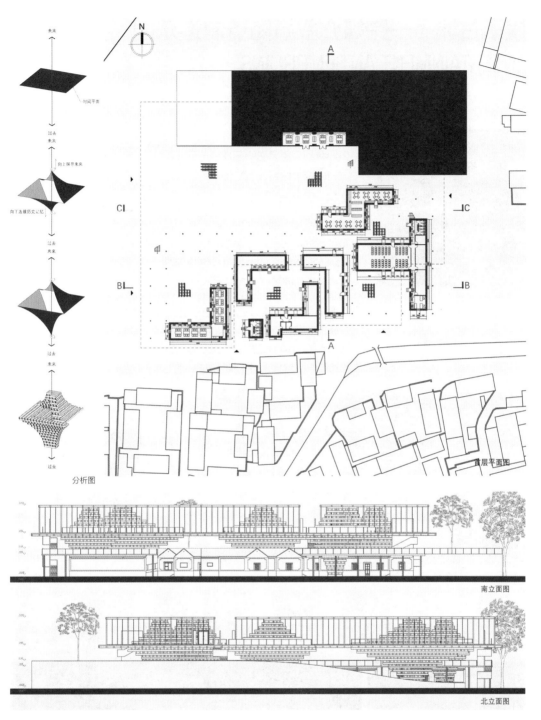

未来

刻闷平面

过去

未来

向上探寻未来

向下追溯历史记忆

过去

未来

过去

未来

过去

分析图

N

A

C|

|C

B|

|B

A

首层平面图

南立面图

北立面图

效果图

娱乐古墟——跨媒介叙事陶琉制造乐园

ENTERTAINMENT ANTIENT RUINS

设计者：韩雨桐
指导教师：周宇舫　王环宇　王文栋
城市研究阶段合作者：陈明
学校：中央美术学院

Designer : Han Yutong
Tutor : Zhou Yufang Wang Huanyu Wang Wendong
Team Member in Urban Study : Chen Ming
School : Central Academy of Fine Arts

指导教师评语

在难以置信的举国关注下，"淄博烧烤"瞬间成为超级 IP，成为全民性的积极娱乐。那么，想象一下，颜神古镇是否可以成为一个游乐场，一个架在废墟之上的探秘之旅，是否也可以成为一个新的 IP，哪怕只是一季临时的嘉年华。诗意的娱乐，是暂时的跳脱，悬浮于世事之外、建筑之外。

"泥玩"——"模塑"——"心造"

1. 手艺轮盘　2. 直播匣钵　3. 陶泥搅拌　4. 压制成型　5. 上干燥线　6. 手工修整　7. 进烧制区　8. 数字陶琉中心

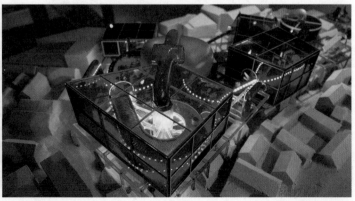

效果图与模型展示

有润——山头镇陶瓷企业污水处理园区
SEWAGE TREATMENT PARK OF SHAN TOU

设计者：李响
指导教师：周宇舫　王环宇　王文栋
城市研究阶段合作者：刘煜潇　宋晨曦
学校：中央美术学院

Designer : Li Xiang
Tutor : Zhou Yufang　Wang Huanyu　Wang Wendong
Team Member in Urban Study : Liu Yuxiao　Song Chenxi
School : Central Academy of Fine Arts

指导教师评语

一个作为公共空间的污水处理厂，是当代城市基础设施建设中出现的一个新趋势，或者说是对城市基础设施的一个反思，污水处理与循环利用，是人类对于自然的一种态度，也是建筑学所应注重的人居环境意识。在这个具有纪念性的城市基础设施的设计中，净水塔被设计成为一个城市的标志性图景，水雾弥漫，飞鸟还巢，是一个令人向往的自然图腾。充满光影的建筑空间，诗意化了基础设施的刻板形象，建构了城市公共空间多元性的可能。诗意的建造，让那些隐藏了的构筑物重新构成生活的一部分。

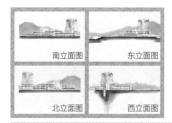

南立面图　东立面图　北立面图　西立面图

总平面图

效果图

旧厂仙踪林
THE OLD FACTORY WIZARD FOREST

设计者：宋晨曦
指导教师：周宇舫　王环宇　王文栋
城市研究阶段合作者：刘煜潇　李响
学校：中央美术学院

Designer : Song Chenxi
Tutor : Zhou Yufang Wang Huanyu Wang Wendong
Team Member in Urban Study : Liu Yuxiao Li Xiang
School : Central Academy of Fine Arts

创作脚本

演绎情境

转译空间

空间组织

指导教师评语

"爱丽丝漫游仙境"是童话的经典，也是建筑学的一个悖论——尺度的感知核心是人还是可以超越人的尺度？这个问题在当今的体验经济时代已经不再构成困惑，而是可以被利用于突破固有的感知而获得新的体验。"仙踪林"方案可以被阐释为在空间尺度上的游戏，借助琉璃艺术的五光十色，光影变幻，营造出自身变小的尺度错觉，漫游在琉璃仙踪林中，挑战了传统建筑学中的人的尺度禁忌。诗意的体验，是在日常之外的异轨和片刻的白日梦。

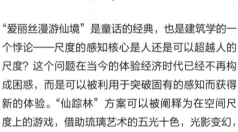

空间单元分析图

效果图

"记艺传承人"——颜神古镇人工智能陶器工厂
THE GIVER ARTIFICIAL INTELLIGENCE FACTORY

设计者：张思瑶
指导教师：周宇舫　王环宇　王文栋
城市研究阶段合作者：曹施熠　叶世续
学校：中央美术学院

Designer : Zhang Siyao
Tutor : Zhou Yufang　Wang Huanyu　Wang Wendong
Team Member in Urban Study : Cao Shiyi　Ye Shixu
School : Central Academy of Fine Arts

指导教师评语

如何面对 AI 对于设计的冲击？在今年的毕业创作中似乎是个不可绕开，却只能躲避的现象，带来的似乎只是一片迷茫中的"元宇宙"。不过，当将未来与 AI 技术一并思考的时候，新的叙事似乎有了对立的主题，人与人造的智能间孕育着风雨雷电。这个方案是借陶瓷设计生产的 AI 化与人类传承间的矛盾，建构了一个反 AI 图腾的叙事。诗意的未来，是创新的智慧。

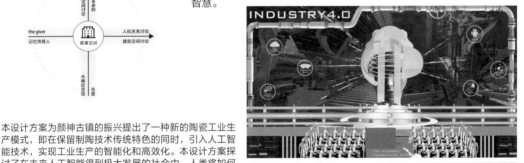

本设计方案为颜神古镇的振兴提出了一种新的陶瓷工业生产模式，即在保留制陶技术传统特色的同时，引入人工智能技术，实现工业生产的智能化和高效化。本设计方案探讨了在未来人工智能得到极大发展的社会中，人类将如何面对和利用人工智能这一利弊兼容的技术。此外，本研究还对人类与机器的关系以及机器地位的提升对建筑空间的影响等问题，提出了新的思考方式和研究视角。

经研究，本人参考外国电影《记忆传承人》the Giver，设计了一个叙事性建筑，并讲述了传统艺术家人被 AI 支配、压榨，被冲击，寻找艺术真正的出路和彻底觉醒的过程。传统手工艺人就是人类在动荡发展中的"记艺传承人"。

本故事横向借助记忆传授人的故事讨论人机关系和建筑空间叙事，纵向致敬牛顿纪念堂探讨面对新的技术革命，建筑空间该如何回应。

效果图

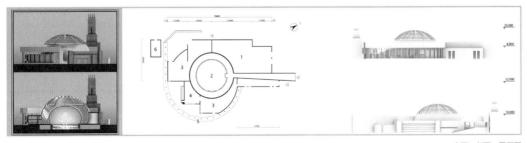

立面、剖面、平面图

重屏——颜神古镇文化活动中心设计
RESCREEN—YANSHEN TOWN CULTURE CENTER

设计者：曹施熠
指导教师：周宇舫　王环宇　王文栋
城市研究阶段合作者：张思瑶　叶世续
学校：中央美术学院

Designer : Cao Shiyi
Tutor : Zhou Yufang　Wang Huanyu　Wang Wendong
Team Member in Urban Study : Zhang Siyao　Ye Shixu
School : Central Academy of Fine Arts

这个方案的立意是要建造一个古镇的中心，一个空间的中心，一个视觉的中心，一个环视古镇的中心，将日渐消散的古镇重新组织起来。设计的核心是以古镇既有道路的线性交叉点作为建筑的网格，并以视线方向为空间导向，建构一个具有不确定性的建筑形体，通过建筑空间之中的缝隙，用导引自然光和夜晚照明的方式，在白天引入天光，而在夜晚将灯光反射至天空，隐喻窑火的兴旺。作为古镇的文化中心，这个建筑就是一个光与火的装置。诗意的象征，是让埋藏在本土居民心中的希望重新点燃。

指导教师评语

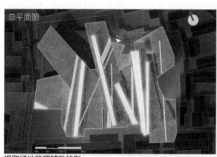

总平面图

鸟瞰图

提取场地肌理辅助找形

首层平面图

展览模型细节图

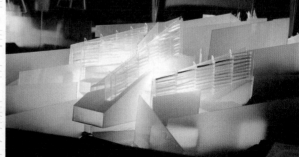

古窑村植物园
GUYAO VILLAGE BOTANICAL GARDEN

设计者：叶世续
指导教师：周宇舫　王环宇　王文栋
城市研究阶段合作者：曹施熠　张思瑶
学校：中央美术学院

Designer : Ye Shixu
Tutor : Zhou Yufang Wang Huanyu Wang Wendong
Team Member in Urban Study : Cao Shiyi Zhang Siyao
School : Central Academy of Fine Arts

指导教师评语

自然再生，是自然的一种弥合力，弥合的是人类对于自然的破坏和忽视，一个非传统的植物园，或许在体验植物生长的同时，也能体会到自然再生的力量。其实，这种力量也是人类生存的力量，我们从疫情中走出来，再一次体会到我们与自然的关系。这个方案基于古镇的既有城市肌理和材料肌理，以自然分形为形态演变逻辑，组合了建筑空间与地景空间的融合关系，创造了一种冥想式的参观体验氛围。诗意的自然，是让自然在心灵里再生。

总平面图

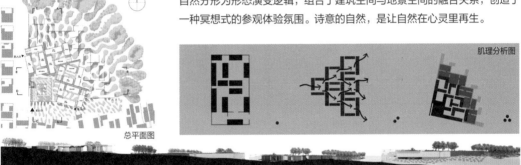

肌理分析图

立面图

效果图

麦田守望者
THE CATCHER IN THE RYE

设计者：何思源　孙欣然　熊子珺　贾宜霏
指导教师：苏勇　刘文豹　刘焉陈　程启明
学校：中央美术学院

Designer : He Siyuan Sun Xinran Xiong Zijun Jia Yifei
Tutor : Su Yong Liu Wenbao Liu Yanchen Cheng Qiming
School : Central Academy of Fine Arts

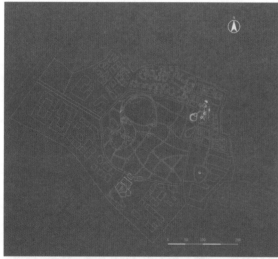

总平面图

原发展模式

现发展模式

功能分区图

场地原有的发展模式是由北到南蔓延式发展，这样的发展模式带动周边发展缓慢，经济得不到快速提升。

而我们选择先开发南边农田附近区域进行跳棋式布局，与原先已开发的颜神古镇两相眺望，先发展两侧再带动中间。

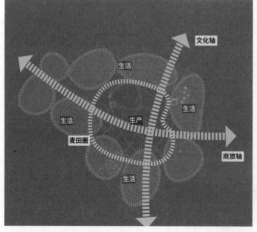

空间组织图

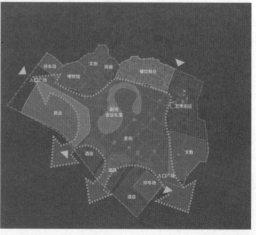

功能排布图

场地红线

车流线分析图

人流线分析图

博山—颜神古镇

"生产""生活"空间并置

"窑"为中心
周围环绕生活空间

"农田"为中心
周围环绕各功能区

红线内整体的空间组织结构由一环：麦田圈；双轴：文化轴和商旅轴；以及周边多组团组成。

整体是生活包围生产的方式。

这一概念的形成是我们从基地内现有建筑的特点中提取：窑与民居—居民生产生活相结合。以窑为中心，生产生活并置，周围环绕生活空间。

关于农田我们进行生态的斑块渗透、廊道延续，将小镇驾于生态农田之上，成为农田上的艺术小镇。

总平面图

网络肌理生成图

在原有场地农田的分割方式上，顺应城市道路后增加新的分割农田网格。再将顺应古镇旧居面积的院落网格放置在农田网格上，形成新的农田网格。

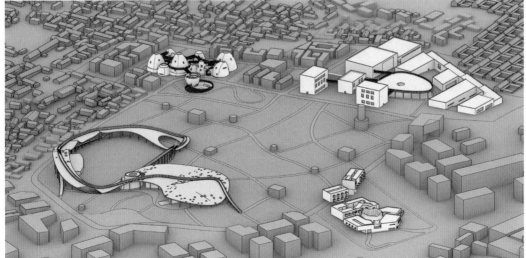
城市设计空间构成图解

琉溢青岚 · 麦田剧场
Glazed and blue haze·Rye Field Theater

设计者：何思源

指导教师：苏勇　刘文豹　刘焉陈　程启明

城市研究阶段合作者：孙欣然　熊子珺　贾宜霏

学校：中央美术学院

Designer : He Siyuan

Tutor : Su Yong　Liu Wenbao　Liu Yanchen　Cheng Qiming

Team Member in Urban Study : Sun Xinran　Xiong Zijun　Jia Yifei

School : Central Academy of Fine Arts

东立面图

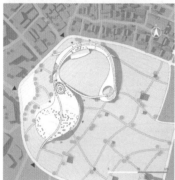

总平面图

一层平面图　地下一层平面图

效果图

淄博作为一个历史文化十分悠久的城市，很多文化历史性的内容需要以一种新的方式来展现，有了剧场这个载体，就可以融入更多的形式面向全年龄段，吸引游客进入小镇增加流量。

效果图

爆炸图

分析图

流线图

因为博山本地盛产陶琉，将陶琉碎片形态进行解构，形成空间形态，并用连续的曲线屋顶将它们串联，将空间进行连接形成一个整体，如同风吹起来的麦浪，剧场守望着千年麦田。也像场地的空间结构一样，生活包围生产：剧场和屋顶栈道顺应场地的麦田分割包围着麦田。

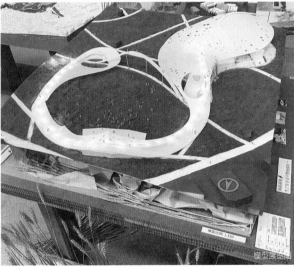

模型展览图

效果图

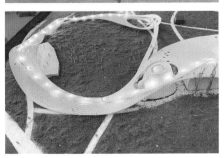

模型照片

窑变·艺术集合空间
THE TRANSFORMATION OF THE KILN
——MULTI-FUNCTIONAL ART SPACE

设计者：孙欣然
指导教师：苏勇　刘文豹　刘焉陈　程启明
城市研究阶段合作者：何思源　熊子珺　贾宜霏
学校：中央美术学院

Designer : Sun Xinran
Tutor : Su Yong　Liu Wenbao　Liu Yanchen　Cheng Qiming
Team Member in Urban Study : He Siyuan　Xiong Zijun　JIa Yifei
School : Central Academy of Fine Art

该地块是位于基地东北侧的艺术街区，在淄博调研时古镇周边有很多零散的陶瓷艺术家，加上本身颜神古镇就是一个陶瓷古镇，所以在守望者小镇里设置艺术街区就是希望吸引周边的艺术家到小镇里来入住并传播陶琉传统文化。颜神古镇的历史是从清朝开始。对于颜神古镇来说，最重要的两个时间节点就是清末和20世纪50年代。当时陶瓷文化盛行，几乎家家有窑，形成了窑在中间，居住空间围在周围的形态，也是现有颜神古镇里很多古窑留存的情况。但是到六七十年代，窑从私有到公有，再加上工业革命科技革新，新的烧制方式出现，圆窑这种传统的生产方式逐渐被摒弃。

窑为中心周围围绕生活空间　　　生产与生活空间并置　　　农田为中心围绕各功能区　　　集合空间为中心围绕其他功能

空间组群分析图

用地分析图

我想要保留窑的传统形式，赋予窑空间新的功能和意义，做一个具有窑元素的艺术集合空间，使窑这一传统文化元素得以新生。于是我延续古镇内生产与生活并置的方式，将窑形态艺术集合空间置于中间，周围包裹其他功能。提取了窑的元素：向心性、拱形态，将圆窑解构进行衍生变形，将多种新生形态进行组合，做一个将艺术品展览、艺术品文创售卖、艺术生产创作、休闲娱乐、文化交流等功能结合为一体的窑元素艺术集合空间。

效果图

轴测效果图

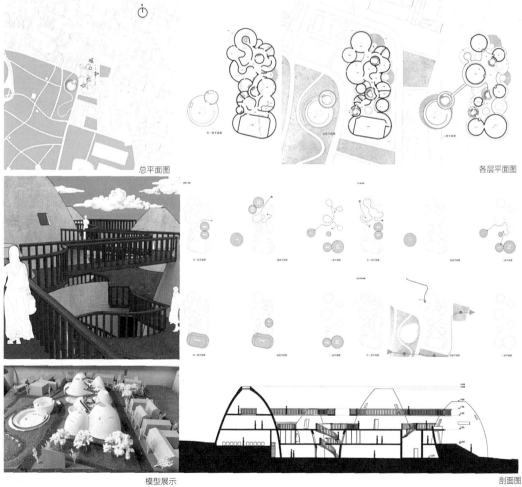

总平面图

各层平面图

模型展示

剖面图

视界
EXPERIENCE HOTEL

设计者：熊子珺
指导教师：苏勇　刘文豹　刘焉陈　程启明
城市研究阶段合作者：何思源　孙欣然　贾宜霏
学校：中央美术学院

Designer：Xiong Zijun
Tutor：Su Yong Liu Wenbao Liu Yanchen Cheng Qiming
Team Member in Urban Study：He Siyuan Sun Xinran Jia Yifei
School：Central Academy of Fine Arts

"麦田守望者"小镇南面为酒店群，包含了四个定位不同的酒店，分别是亲子酒店、艺术酒店、动物体验酒店和会议酒店。该项目为动物体验酒店，通过将动物生存空间引入人的生活空间，旨在创造一种不同于平时的人与动物的观察关系。

总平面图

体块分析图

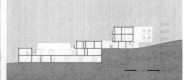

效果图

陶礼园·陶瓷艺术教育中心
TAO LI YUAN CERAMIC ART EDUCATION CENTER

设计者：贾宜霏
指导教师：苏勇 刘文豹 刘焉陈 程启明
城市研究阶段合作者：何思源 熊子珺 孙欣然
学校：中央美术学院

Designer : Jia Yifei
Tutor : Su Yong Liu Wenbao Liu Yanchen Cheng Qiming
Team Member in Urban Study : He Siyuan Xiong Zijun Sun Xinran
School : Central Academy of Fine Art

陶瓷教育中心地处于农田东南部，面积约为 18000m²。呈西南高，东北低的地势。作为一个整体的陶瓷文化培训机构，提供长期以及短期的陶瓷艺术培训，可容纳长期学员 300 人以及短期体验学员 500 人。建筑群整体呈现类似淄博居民和土窑相处的生活方式，以方包围圆、生活包围生产为基本形式。

文教建筑部分分为主要教学区，展览区，后勤区和学生住宿区。除住宿区外，均对外开放，通过空中廊道相连接。教室和办公区相互交错，形成了一个立体交错的空间结构，展厅处于场地中心，住宿、后勤、教学环绕周边，呼应了传统土窑和民居，生产与生活之间的关系。建筑采用拱形结构，与土窑的形态相呼应，农田穿插其间，形成农田生态—陶瓷艺术相互融合，共同发展的建筑群落。

体量分析图

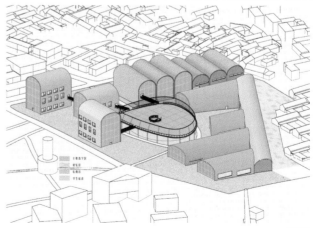

效果图